工学で使う力学がわかる

物体の動きがわかれば
力やエネルギーもイメージできる！

潮 秀樹 著

技術評論社

はじめに

　力学は物理学のみならず工学においても中心的役割を果たし、ほとんどの工学系の大学で力学が必修科目になっています。

　しかし、高校物理と違い、工学系の力学は微分積分を使います。加えて、ベクトルをいろいろの座標系で表します。これらにより広く工学に応用できるようになりますが、一方、力学は難しいという学生が多くなります。本書では、吹き出し、引き出し線、脚注などを活用して細かなコメントをいることにより力学をやさしく理解できるよう工夫してあります。

　一方、物理学科の力学ではないので、厳密な証明をするよりはむしろ力学を応用することができることを目指します。ですから、法則や定理は1つ目の課題で納得し、次の例題以降でどのように使うかを習得してください。

　また、工学への応用という観点から、解析力学の初歩と行列を使った力学の初歩にも触れています。解析力学と行列を使った力学への入門書としても活用してください。

　最後に、本書を出版するにあたって、企画から編集まで担当された株式会社技術評論社の書籍編集部に心からの謝意を表します。

2011年4月　潮　秀樹

ファーストブック **工学で使う力学がわかる**

―Contents―

第1章 速度と加速度

1-1 速度 ……………………………………… 8
1-2 加速度 …………………………………… 14
1-3 デカルト座標系 ………………………… 20
1-4 自然座標系 ……………………………… 27

第2章 質点の運動

2-1 ニュートンの運動の法則 ……………… 36
2-2 仕事と位置エネルギー ………………… 45
2-3 エネルギー保存則 ……………………… 50
2-4 運動量保存則 …………………………… 55
2-5 力のモーメントと角運動量保存則 …… 60

第3章 座標変換と慣性

- 3-1 慣性系 ……………………………………… 68
- 3-2 非慣性系 …………………………………… 71
- 3-3 回転運動とコリオリ力 …………………… 76

第4章 剛体の運動

- 4-1 重心 ………………………………………… 86
- 4-2 慣性モーメント …………………………… 94
- 4-3 回転運動(固定軸) ………………………… 105
- 4-4 並進運動と回転運動 ……………………… 112

第5章 ダランベールの原理と仮想仕事の原理

- 5-1 仮想仕事の原理(つり合いの場合) ……… 124
- 5-2 ダランベールの原理 ……………………… 129
- 5-3 拘束力と仮想仕事 ………………………… 133

第6章 解析力学とラグランジュの方程式

- 6-1 オイラーの微分方程式 ……………… 140
- 6-2 ラグランジュの方程式 ……………… 146
- 6-3 ラグランジュの方程式の例 ………… 151
- 6-4 二つの物体の例 ……………………… 155

第7章 固有方程式と固有値の応用

- 7-1 二自由度連立方程式と行列 ………… 162
- 7-2 固有方程式と固有値（自由振動）… 167
- 7-3 固有ベクトルとモード ……………… 171
- 7-4 自由振動のモード分離 ……………… 178
- 7-5 強制振動におけるモード分離 ……… 185

参考文献 ……………………………………… 189
索　　引 ……………………………………… 190

第1章

速度と加速度

大学の力学と高校の力学の大きな違いは、大学の力学では速度・加速度などが微分積分を使って表されることです。それに加え、速度・加速度などがベクトルとしていろいろの座標系で表されることです。これらによって、力学をいろいろの工学に応用することができるようになります。

1-1 速度

速度・位置は方向を持つベクトルであり、ベクトルは A といった具合に太字で表されます。また、成分を使って (A_x, A_y, A_z) と表すこともあります。速度と位置の関係は、微分積分を使って、「要点」のように表されます。

要 点

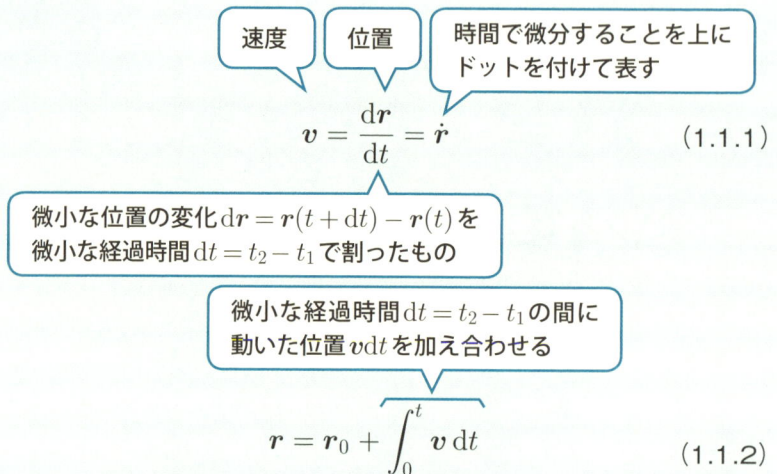

r_0 が1次元の場合、式 (1.1.1) の速度は、位置のグラフ上で接線の傾きによって与えられ、式 (1.1.2) の動いた距離は、速度のグラフの微小な長方形の面積の和で与えられます[*1]。

[*1] 3次元の場合、それぞれの成分が同様の関係をもっています。

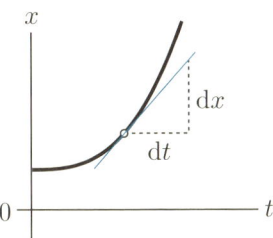 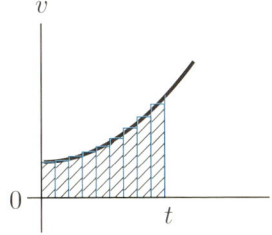

◆図1-1-1　速度はグラフの傾き、動いた距離はグラフの面積

例題 1-1

次の問題を解くことによって、要点を納得しましょう。

(1) 1次元の運動で、位置が x 座標で表され、$x = t^2 + 3t$ であるとします。時刻 $t = 1[\text{s}]$ における速度 $v[\text{m/s}]$ を2つの方法で求めなさい。そして、(ア) が (イ) とほとんど同じになることを確かめることにより、速度が位置の微分で表されることを納得してください。

　(ア) 時刻 $t = 1[\text{s}]$ と時刻 $t = 1.0001[\text{s}]$ の間に動いた距離を経過時間 $0.0001[\text{s}]$ で割る。

　(イ) 要点を使い、時刻 t の速度 v を求め、$t = 1[\text{s}]$ を代入する。

(2) 1次元の運動で、x 方向の速度が $v = 2t + 3$ であるとします。時刻 $t = 0[\text{s}]$ において $x = 0[\text{m}]$ として、時刻 $t = 1[\text{s}]$ における位置 $x(1)[\text{m}]$ を2つの方法で求めなさい。そして、(ア) が (イ) とほとんど同じになることを確かめることにより、位置の変化が速度の積分で表されることを納得してください。

　(ア) 10分割し、各微小時間に動いた距離 (平均の速度)×(微小時間) を加え合わせる。

　(イ) 要点を使い、時刻 t の位置 x を求め、$t = 1[\text{s}]$ を代入する。

解 答

(1)(ア)

> $t = 1.0001[\text{s}]$ における位置 x

$$v(1) \fallingdotseq \underbrace{\frac{x(1.0001) - x(1)}{0.0001}}$$

> 経過時間 $0.0001[\text{s}]$ の間に動いた距離を経過時間で割った

$$= \frac{\{(1.0001)^2 + 3 \times 1.0001\} - \{1^2 + 3 \times 1\}}{0.0001} = 5.0001[\text{m/s}] \quad (1.1.3)$$

(イ) $v(1) = \left[\dfrac{\mathrm{d}x}{\mathrm{d}t}\right]_{t=1} = \Big[2t + 3\Big]_{t=1} = 5[\text{m/s}] \quad (1.1.4)$

> $t = 1$ を代入するという意味

(2)(ア)

> $t = 0.05[\text{s}]$ の速度 ($t = 0[\text{s}]$ と $t = 0.1[\text{s}]$ の平均の速度とみなす)

$v(1) \fallingdotseq x(0) + v(0.05) \times 0.1 + v(0.15) \times 0.1 + v(0.25) \times 0.1$
$\quad + v(0.35) \times 0.1 + v(0.45) \times 0.1 + v(0.55) \times 0.1$
$\quad + v(0.65) \times 0.1 + v(0.75) \times 0.1 + v(0.85) \times 0.1$
$\quad + v(0.95) \times 0.1 = 0 + 0.31 + 0.33 + 0.35 + 0.37 + 0.39$
$\quad + 0.41 + 0.43 + 0.45 + 0.47 + 0.49 = 4[\text{m}] \quad (1.1.5)$

(イ) $x(1) - x(0) = \displaystyle\int_0^1 v\,\mathrm{d}t = \Big[t^2 + 3t\Big]_{t=1} = 4[\text{m}] \quad (1.1.6)$

なお、完全に一致しているのは、偶然です。

この例題を解くことにより、微分することが瞬間の速度を計算することになることを理解してください。速度が変化している場合、瞬間の速度が大切です。

例題 1-2

次の問題を解きましょう。(1) は、バネによる単振動です。(2) は、地球上で真上に投げられた物体の運動です。両者とも空気抵抗を無視したときの運動です。

(1) 1次元の運動で、位置が x 座標で表され、$x = x_0 \cos(\omega t)$ であるとします。時刻 t における速度 v を求めなさい。ただし、x_0, ω は定数です。

(2) 1次元の運動で、y 方向の速度が $v = -gt + v_0$ であるとします。時刻 $t = 0$ において $y = 0$ として、時刻 t における位置 y を求めなさい。ただし、g, v_0 は定数です。

解答

(1)

$$v = \frac{dx}{dt} = -x_0 \omega \sin(\omega t) \quad (1.1.7)$$

$t=0$ における位置 x

$\cos(\omega t)$ を微分すると $-\omega \sin(\omega t)$

(2)

厳密には t' として t と別の変数であることをはっきりさせる

$$y = y(0) + \int_0^t (-gt + v_0)\, dt = -\frac{g}{2}t^2 + v_0 t \quad (1.1.8)$$

0

重力加速度と初速度（定数です）

なお、(1)の位置と速度をグラフにすると、**図1-1-2**のようになります。

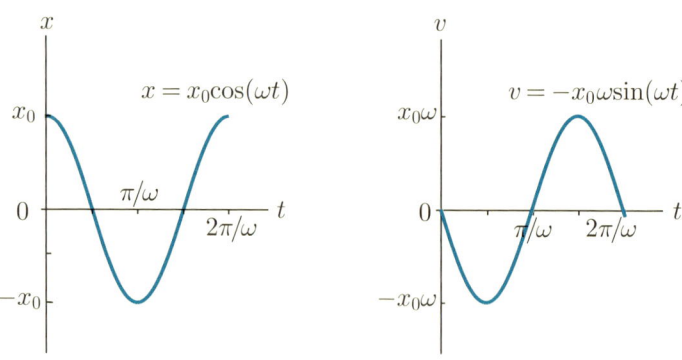

◆**図1-1-2**　$x = x_0 \cos(\omega t)$ と $v = -x_0 \omega \sin(\omega t)$ のグラフ

練習問題 1-1

次の問題を解きましょう。(1)は、空気抵抗を考えたときの落下運動です。(2)は、空気抵抗を無視したときのバネによる単振動です。

(1) 1次元の運動で、位置が y 座標で表されます。v_∞ と T を定数として、
$$y = -v_\infty T \exp\left(-\frac{t}{T}\right) - v_\infty t + v_\infty T$$
であるとします。時刻 t における速度 v を求めなさい。ただし、v_∞, T は定数です。

(2) 1次元の運動で、x 方向の速度が $v = v_0 \sin(\omega t)$ であるとします。時刻 $t = 0$ において $x = 0$ として、時刻 t における位置 x を求めなさい。ただし、v_0, ω は定数です。

解答

(1)

和の微分

$$v = \frac{dy}{dt} = \underbrace{v_\infty \exp\left(-\frac{t}{T}\right)}_{} - v_\infty \quad (1.1.9)$$

$-v_\infty T \exp(-\frac{t}{T})$ を微分することは $-\frac{1}{T}$ をかけること

$t=0$ で $v=0$ となり、$t=\infty$ で $v=-v_\infty$ となる

(2)

$$x = x(0) + \int_0^t v_0 \sin(\omega t)\, dt = \left[-\frac{v_0}{\omega}\cos(\omega t)\right]_0^t$$
$$= -\frac{v_0}{\omega}\cos(\omega t) + \frac{v_0}{\omega} \quad (1.1.10)$$

$x(0) = 0$、v_0 は定数、$\cos 0 = 1$

なお、(1) の位置と速度をグラフにすると、図1-1-3のようになります。

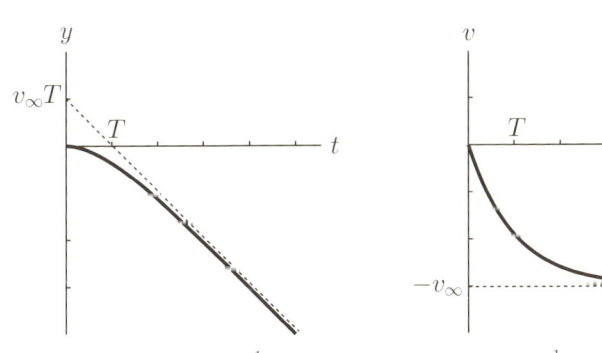

◆図1-1-3　$y = -v_\infty T\exp(-\frac{1}{T}) - v_\infty t + v_\infty T$ と $v = v_\infty \exp(-\frac{1}{T}) - v_\infty$ のグラフ

1-2 加速度

加速度は速度の増える割合です。速度の増加を微小な経過時間で割ったものです。微分積分を使って、速度と位置の関係は「要点」のように表されます。

> **要 点**

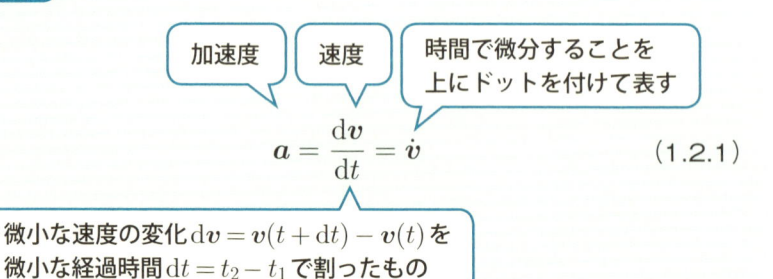

加速度　速度　時間で微分することを上にドットを付けて表す

$$a = \frac{d\bm{v}}{dt} = \dot{\bm{v}} \tag{1.2.1}$$

微小な速度の変化 $d\bm{v} = \bm{v}(t+dt) - \bm{v}(t)$ を微小な経過時間 $dt = t_2 - t_1$ で割ったもの

微小な経過時間 $dt = t_2 - t_1$ の間に増えた速度 $\bm{a}\,dt$ を加え合わせる

$$\bm{v} = \bm{v}_0 + \int_0^t \bm{a}\,dt \tag{1.2.2}$$

時刻0の速度

例題 1-3

次の問題を解くことによって、要点を納得しましょう。

(1) 1次元の運動で、速度が v で表され、$v = \sin t$ であるとします。時刻 $t = 0[\mathrm{s}]$ における加速度 a を2つの方法で求めなさい。そして、(ア) が (イ) とほとんど同じになることを確かめることにより、加速度が速度の微分で表されることを納得してください。

　(ア) 時刻 $t = 0[\mathrm{s}]$ と時刻 $t = 0.1[\mathrm{s}]$ の間に増えた速度を経過時間 $0.1[\mathrm{s}]$ で割る。

　(イ) 要点を使い、時刻 t の速度 a を求め、$t = 0[\mathrm{s}]$ を代入する。

(2) 1次元の運動で、x 方向の速度が $a = \cos t$ であるとします。時刻 $t = 0[\mathrm{s}]$ において $v = 0[\mathrm{m/s}]$ として、時刻 $t = 1[\mathrm{s}]$ における速度 $v(1)[\mathrm{m/s}]$ を2つの方法で求めなさい。そして、(ア) が (イ) とほとんど同じになることを確かめることにより、速度の変化が加速度の積分で表されることを納得してください。

　(ア) 10分割し、図1-2-1の長方形の面積（平均の加速度）×（微小時間）を加え合わせる。

　(イ) 要点を使い、時刻 t の速度 v を求め、$t = 1[\mathrm{s}]$ を代入する。

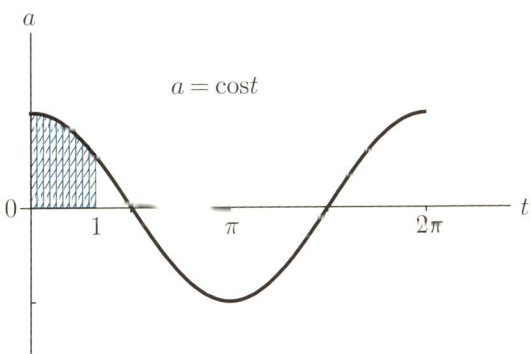

◆図1-2-1　$a = \cos t$ のグラフと面積

解答

(1)(ア)

$$a(0) \fallingdotseq \underbrace{\frac{v(0.1) - v(0)}{0.1}}_{t=0.1[\text{s}]における速度v} = \frac{0.099833}{0.1} = 0.99833 [\text{m/s}^2] \quad (1.2.3)$$

経過時間$0.1[\text{s}]$の間に動いた速度を経過時間で割った

(イ) $a(0) = \left[\dfrac{\mathrm{d}v}{\mathrm{d}t}\right]_{t=0} = \Big[\cos t\Big]_{t=0} = 1[\text{m/s}^2]$ (1.2.4)

$t=0$を代入するという意味

(2)(ア)

$t=0.05[\text{s}]$の加速度($t=0[\text{s}]$と$t=0.1[\text{s}]$の平均の加速度とみなす)

$$\begin{aligned}v(1) &\fallingdotseq v(0) + a(0.05) \times 0.1 + a(0.15) \times 0.1 + a(0.25) \times 0.1 \\&\quad + a(0.35) \times 0.1 + a(0.45) \times 0.1 + a(0.55) \times 0.1 \\&\quad + a(0.65) \times 0.1 + a(0.75) \times 0.1 + v(0.85) \times 0.1 \\&\quad + a(0.95) \times 0.1 \\&= 0 + 0.99875 + 0.988771 + 0.968912 + 0.939373 + \\&\quad 0.900447 + 0.852525 + 0.796084 + 0.731689 + \\&\quad 0.659983 + 0.581683 = 0.8418217 [\text{m/s}] \quad (1.2.5)\end{aligned}$$

(イ) $v(1) - v(0) = \displaystyle\int_0^1 a\,\mathrm{d}t = \Big[\sin t\Big]_{t=1} = 0.841471[\text{m/s}]$ (1.2.6)

加速度は速度の変化率です。変化率が時間によって変化すると、やはり、瞬間の変化率が大切になります。これを計算するのが微分です。

例題 1-4

次の問題を解きましょう。(1) は、バネによる単振動です。(2) は、地球上で真上に投げられた物体の運動です。両者とも空気抵抗を無視したときの運動です。

(1) 1次元の運動で、x方向の速度が$v = v_0 \sin(\omega t)$であるとします。時刻tにおける加速度aを求めなさい。ただし、v_0, ωは定数です。

(2) 1次元の運動で、y方向の加速度が$a = -g$であるとします。時刻$t = 0$において$v = 0$として、時刻tにおける速度vを求めなさい。ただし、gは定数です。

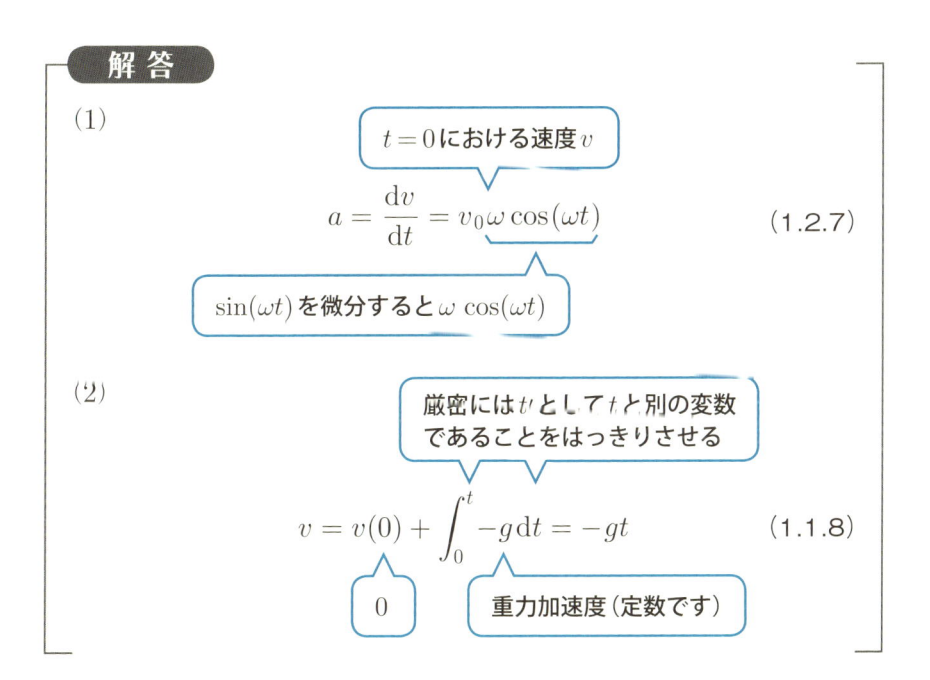

解答

(1)

$$a = \frac{dv}{dt} = v_0 \omega \cos(\omega t) \tag{1.2.7}$$

$v_0 \omega \cos(\omega t)$ ← $\sin(\omega t)$を微分すると$\omega \cos(\omega t)$

$v = v(0)$ ← $t = 0$における速度v

(2)

$$v = v(0) + \int_0^t -g\,dt' = -gt \tag{1.1.8}$$

厳密にはt'としてtと別の変数であることをはっきりさせる

$v(0) = 0$

$-g$ ← 重力加速度（定数です）

練習問題 1-2

次の問題を解きましょう。(1)は、空気抵抗を考えたときの落下運動です。(2)は、空気抵抗を無視したときのバネによる単振動です。

(1) 1次元の運動で、y方向の速度が $v = v_\infty \exp\left(-\dfrac{t}{T}\right) - v_\infty$ であるとします。時刻tにおける加速度aを求めなさい。ただし、v_∞, T は定数です。

(2) 1次元の運動で、x方向の加速度が $a = a_0 \cos(\omega t)$ であるとします。時刻$t=0$において$v=0$として、時刻tにおける速度vを求めなさい。ただし、a_0, ω は定数です。

解 答

(1)

定数v_∞の微分はゼロ

$$a = \frac{dv}{dt} = -\frac{v_\infty}{T}\exp\left(-\frac{t}{T}\right) \tag{1.2.9}$$

$-v_\infty \exp(-\frac{t}{T})$を微分することは $-\frac{1}{T}$ をかけること

(2)

0 　 定数

$$v = v(0) + \int_0^t a_0 \cos(\omega t)\, dt = \left[\frac{a_0}{\omega}\sin(\omega t)\right]_0^t$$

$$= \frac{a_0}{\omega}\sin(\omega t) - 0 \tag{1.2.10}$$

$\sin 0 = 0$

(1)の結果をグラフにすると、図1-2-2のようになります。

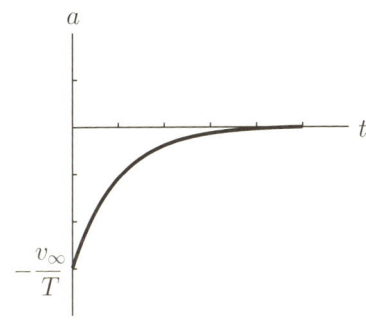

◆図1-2-2　$-\frac{v_\infty}{T}\exp(-\frac{t}{T})$ のグラフ

1-3 デカルト座標系

デカルト座標系、いわゆる x-y-z 座標系を考えましょう。任意のベクトル $\boldsymbol{A}$ は、x 方向の単位ベクトル $\boldsymbol{e}_x$ と y 方向の単位ベクトル $\boldsymbol{e}_y$ と z 方向の単位ベクトル $\boldsymbol{e}_z$ を使って、$\boldsymbol{A} = A_x\boldsymbol{e}_x + A_y\boldsymbol{e}_y + A_z\boldsymbol{e}_z$ と表されます。このとき、A_x、A_y、A_z を成分といいます。それぞれ、x 成分、y 成分、z 成分です。この関係を図で表すと、図1-3-1となります。

デカルト座標系の成分で表したとき、速度と加速度は要点に示したようになります。

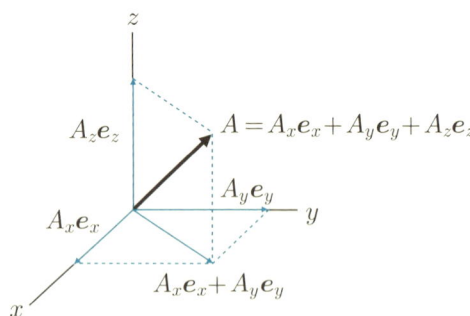

◆図1-3-1 ベクトルをデカルト座標系の成分で表す

要点

位置　　x方向の単位ベクトル
$$r = xe_x + ye_y + ze_z \tag{1.3.1}$$

速度　　x方向の単位ベクトル
$$v = v_x e_x + v_y e_y + v_z e_z = \frac{dx}{dt}e_x + \frac{dy}{dt}e_y + \frac{dz}{dt}e_z \tag{1.3.2}$$

速度のx成分 $v_x = \dfrac{dx}{dt}$

加速度　　x方向の単位ベクトル
$$a = a_x e_x + a_y e_y + a_z e_z = \frac{dv_x}{dt}e_x + \frac{dv_y}{dt}e_y + \frac{dv_z}{dt}e_z \tag{1.3.3}$$

加速度のx成分 $a_x = \dfrac{dv_x}{dt}$

逆に、加速度から速度を求めたり、速度から位置を求めるときは、式(1.2.2)や式(1.2.1)のような定積分の式を使います。ベクトルをベクトルの成分に直した式が成り立ちます。

次の問題を解くことによって、要点を納得しましょう。

例題 1-5

(1) 単位ベクトルe_x, e_y, e_zは時間に依存しないため、時間で微分するとゼロになります。式(1.3.1)を微分して式(1.3.2)を導きなさい。積の微分の公式を使います。

(2) 単位ベクトルe_x, e_y, e_zは時間に依存しないため、時間で微分するとゼロになります。式(1.3.2)を微分して式(1.3.3)を導きなさい。

解答

(1)

$$\frac{\mathrm{d}}{\mathrm{d}t}\{x\boldsymbol{e}_x + y\boldsymbol{e}_y + z\boldsymbol{e}_z\} = \frac{\mathrm{d}x}{\mathrm{d}t}\boldsymbol{e}_x + x \times 0 + \frac{\mathrm{d}y}{\mathrm{d}t}\boldsymbol{e}_y$$

> x を微分 / $\boldsymbol{e}_x$ を微分

> $x\boldsymbol{e}_x$ を t で微分すると、x を微分した項 ($\frac{\mathrm{d}x}{\mathrm{d}t}\boldsymbol{e}_x$) と $\boldsymbol{e}_x$ を微分した項 ($x \times 0$) の和になる

$$+ y \times 0 + \frac{\mathrm{d}z}{\mathrm{d}t}\boldsymbol{e}_z + z \times 0$$

$$= \frac{\mathrm{d}x}{\mathrm{d}t}\boldsymbol{e}_x + \frac{\mathrm{d}y}{\mathrm{d}t}\boldsymbol{e}_y + \frac{\mathrm{d}z}{\mathrm{d}t}\boldsymbol{e}_z \quad (1.3.4)$$

(2)

$$\frac{\mathrm{d}}{\mathrm{d}t}\{v_x\boldsymbol{e}_x + v_y\boldsymbol{e}_y + v_z\boldsymbol{e}_z\} = \frac{\mathrm{d}v_x}{\mathrm{d}t}\boldsymbol{e}_x + v_x \times 0 + \frac{\mathrm{d}v_y}{\mathrm{d}t}\boldsymbol{e}_y$$

> v_x を微分 / $\boldsymbol{e}_x$ を微分

> $v_x\boldsymbol{e}_x$ を t で微分すると、v_x を微分した項 ($\frac{\mathrm{d}v_x}{\mathrm{d}t}\boldsymbol{e}_x$) と $\boldsymbol{e}_x$ を微分した項 ($v_x \times 0$) の和になる

$$+ v_y \times 0 + \frac{\mathrm{d}v_z}{\mathrm{d}t}\boldsymbol{e}_z + v_z \times 0$$

$$= \frac{\mathrm{d}v_x}{\mathrm{d}t}\boldsymbol{e}_x + \frac{\mathrm{d}v_y}{\mathrm{d}t}\boldsymbol{e}_y + \frac{\mathrm{d}v_z}{\mathrm{d}t}\boldsymbol{e}_z$$

$$(1.3.5)$$

速度の成分が $v_x = \frac{\mathrm{d}x}{\mathrm{d}t}$, $v_y = \frac{\mathrm{d}y}{\mathrm{d}t}$, $v_z = \frac{\mathrm{d}z}{\mathrm{d}t}$ となること、加速度の成分が $a_x = \frac{\mathrm{d}v_x}{\mathrm{d}t}$, $a_y = \frac{\mathrm{d}v_y}{\mathrm{d}t}$, $a_z = \frac{\mathrm{d}v_z}{\mathrm{d}}$ となることがわかりました。

結局、ベクトルを微分して得られるベクトルのx成分は、元のベクトルのx成分を微分したものです。y成分とz成分に関しても同様です。つまり、ベクトルを微分するには、成分を微分すればよいということになります。

例題 1-6

次の問題を解きましょう。(1) は、等速円運動です。(2) は、地球上での放物運動です。両者とも空気抵抗を無視したときの運動です。

(1) 2次元の運動で、位置の成分が $x = R\cos(\omega t)$, $y = R\sin(\omega t)$ であるとします。時刻tにおける速度の成分v_x, v_yと加速度の成分a_x, a_yを求めなさい。ただし、Rは、円運動の半径であり定数です。

(2) x-z面内の2次元の運動で、加速度が$a_x = 0$, $a_z = -g$であるとします。時刻$t = 0$において$x = 0$, $z = 0$, $v_x = v_0\cos\theta$, $v_z = v_0\sin\theta$として、時刻tにおける位置と速度を求めなさい。ただし、g, v_0, θは定数です。

解答

(1) 速度の成分は位置の成分を微分して得られます。

$$v_x = \frac{dx}{dt} = -R\omega\sin(\omega t) \tag{1.3.6}$$

$$v_y = \frac{dy}{dt} = R\omega\cos(\omega t) \tag{1.3.7}$$

位置ベクトルと速度ベクトルの内積 ($\boldsymbol{r}\cdot\boldsymbol{v} = xv_x + yv_y$) がゼロですから、両者は直交しています。速度の大きさは $v = \sqrt{v_x^2 + v_y^2} = R\omega$ となり、一定です。加速度の成分は速度の成分を微分して得られます。

$$a_x = \frac{dv_x}{dt} = -R\omega^2\cos(\omega t) \tag{1.3.8}$$

1-3 デカルト座標系

$$a_y = \frac{\mathrm{d}v_y}{\mathrm{d}t} = -R\omega^2 \sin(\omega t) \tag{1.3.9}$$

加速度ベクトルの成分は位置ベクトルの成分に $-\omega^2$ をかけたものになっています。ですから $\boldsymbol{a} = -\omega^2 \boldsymbol{r}$ という関係があります。つまり、加速度ベクトルは位置ベクトルと逆方向を向き、言い換えれば、中心を向きます。

(2) 加速度の成分から速度の成分の増加を求めるには、1次元の場合同様に、定積分します。速度の成分の微分が加速度の成分だからです。

　　　　$v_0 \cos\theta$　　　　この積分はゼロ

$$v_x = v_x(0) + \int_0^t 0\,\mathrm{d}t = v_0 \cos\theta \tag{1.3.10}$$

　　　　$v_0 \sin\theta$

$$v_z = v_z(0) + \int_0^t -g\,\mathrm{d}t = v_0 \sin\theta - gt \tag{1.3.11}$$

同様にして位置ベクトルの成分も求まります。

　　　　0　　　　この被積分関数は定数

$$x = x(0) + \int_0^t v_0 \cos\theta\,\mathrm{d}t = v_0 (\cos\theta)t \tag{1.3.12}$$

　　　　0

$$z = z(0) + \int_0^t (v_0 \sin\theta - gt)\,\mathrm{d}t = v_0 (\sin\theta)t - \frac{g}{2}t^2 \tag{1.3.13}$$

練習問題 1-3

図のように3本のアームからなる装置がある。3本のアームの長さは R であり、3本のアームは同じ平面内にある。アーム1は z 方向であり、アーム1が回転することにより、3本のアームの作る面と x-z 面との角 φ は変えられます。アーム1とアーム2のなす角 θ_1、アーム2とアーム3のなす角 θ_2 も変えられます。アーム3の先端 P の座標を求めなさい。

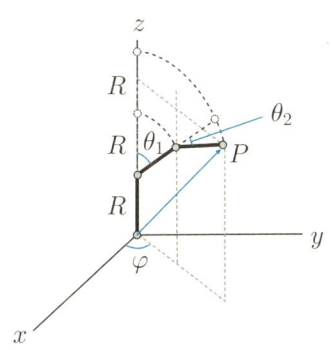

◆図1-3-2　アーム先端の座標

解答

アーム3が z 軸となす角は $\theta_1+\theta_2$ です。点 P と z 軸の距離に、$\cos\varphi$ をかけると x 成分が得られ、$\sin\varphi$ をかけると y 成分が得られます。

$$x = \{R\sin\theta_1 + R\sin(\theta_1+\theta_2)\}\cos\varphi \qquad (1.3.14)$$

（アーム2の先端と z 軸の距離）

$$y = \{R\sin\theta_1 + R\sin(\theta_1+\theta_2)\}\sin\varphi \qquad (1.3.15)$$

（アーム3の先端と z 軸の距離）

アーム1の先端とアーム2の先端のz成分の差

$$z = R + R\cos\theta_1 + R\cos(\theta_1 + \theta_2) \qquad (1.3.16)$$

1-4 自然座標系

自然座標系を考えましょう。自然座標系では、軌道に沿って測った長さを s とします。長さ s は速度の大きさ v を使って、次のように与えられます。

$$s = \int_0^t v \, dt \tag{1.4.1}$$

- $\dfrac{ds}{dt} = v$ と書くこともできる
- 時刻 $t=0$ における s をゼロとする

図1-4-1に示したように、微小軌道を円で近似したときの半径（曲率半径）ρ を使って、基底となる3つの単位ベクトルを次のように定義します。これらは s の関数ということもできますし、t の関数ということもできます。

接線ベクトル
$$\boldsymbol{e}_t = \frac{d\boldsymbol{r}}{ds} \tag{1.4.2}$$

- $d\boldsymbol{r}$ の方向（動く方向）
- $d\boldsymbol{r}$ の大きさと ds は等しい（$\dfrac{d\boldsymbol{r}}{ds}$ は単位長さのベクトル）

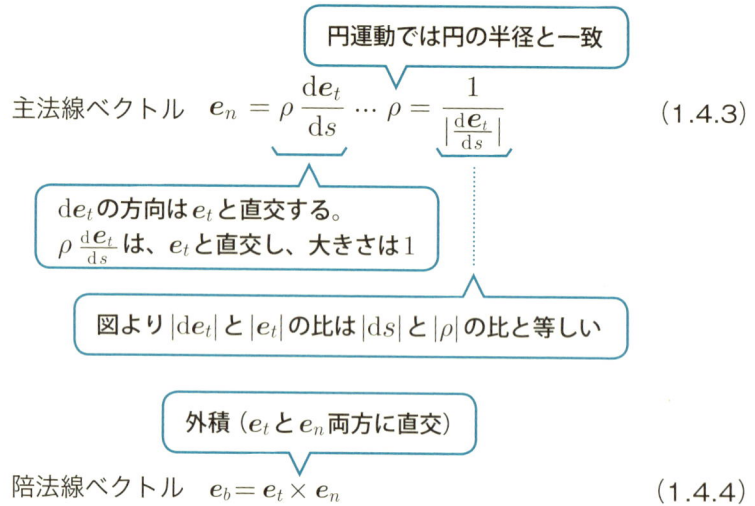

主法線ベクトル　$\boldsymbol{e}_n = \rho \dfrac{\mathrm{d}\boldsymbol{e}_t}{\mathrm{d}s} \cdots \rho = \dfrac{1}{\left|\dfrac{\mathrm{d}\boldsymbol{e}_t}{\mathrm{d}s}\right|}$ 　（1.4.3）

・円運動では円の半径と一致

・$\mathrm{d}\boldsymbol{e}_t$ の方向は $\boldsymbol{e}_t$ と直交する。$\rho \dfrac{\mathrm{d}\boldsymbol{e}_t}{\mathrm{d}s}$ は、$\boldsymbol{e}_t$ と直交し、大きさは1

・図より $|\mathrm{d}\boldsymbol{e}_t|$ と $|\boldsymbol{e}_t|$ の比は $|\mathrm{d}s|$ と $|\rho|$ の比と等しい

・外積（$\boldsymbol{e}_t$ と $\boldsymbol{e}_n$ 両方に直交）

陪法線ベクトル　$\boldsymbol{e}_b = \boldsymbol{e}_t \times \boldsymbol{e}_n$ 　（1.4.4）

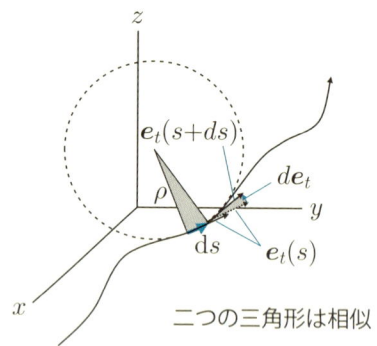

二つの三角形は相似

◆図1-4-1　自然座標系

　任意のベクトル $\boldsymbol{A}$ は、単位ベクトル $\boldsymbol{e}_t$ と $\boldsymbol{e}_n$ と $\boldsymbol{e}_b$ を使って、$\boldsymbol{A} = A_t \boldsymbol{e}_t + A_n \boldsymbol{e}_n + A_b \boldsymbol{e}_b$ と表されます。このとき、A_t、A_n、A_b を、それぞれ、接線成分、主法線成分、陪法線成分といいます。

　自然座標系の成分で表したとき、速度と加速度は要点に示したようになります。

要点

速度　合成関数の微分

$$\boldsymbol{v} = \frac{d\boldsymbol{r}}{dt} = \frac{d\boldsymbol{r}}{ds}\frac{ds}{dt} = v\frac{d\boldsymbol{r}}{ds} = v\,\boldsymbol{e}_t \qquad (1.4.5)$$

$$\frac{ds}{dt} = v$$

加速度　$v\boldsymbol{e}_t$

$$\boldsymbol{a} = \frac{d\boldsymbol{v}}{dt} = \frac{d(v\boldsymbol{e}_t)}{dt} = \frac{dv}{dt}\boldsymbol{e}_t + v\frac{d\boldsymbol{e}_t}{dt} = \frac{dv}{dt}\boldsymbol{e}_t + v\frac{d\boldsymbol{e}_t}{ds}\frac{ds}{dt}$$

$$\frac{ds}{dt} = v$$

$$= \frac{dv}{dt}\boldsymbol{e}_t + v^2\frac{d\boldsymbol{e}_t}{ds} = \frac{dv}{dt}\boldsymbol{e}_t + \frac{v^2}{\rho}\boldsymbol{e}_n \qquad (1.4.6)$$

$$\frac{d\boldsymbol{e}_t}{ds} = \frac{1}{\rho}\boldsymbol{e}_n$$

速度は軌道方向です。加速度は軌道方向が $\dfrac{dv}{dt}$、法線方向が $\dfrac{v^2}{\rho}$ です。

例題 1-7

図1-4-2のような x-y 面内の等速円運動を考え[*2]、デカルト座標系と自然座標系で加速度の法線方向成分を計算し一致することを確かめましょう。

$$x = R\cos(\omega t) \qquad (1.4.7)$$
$$y = R\sin(\omega t) \qquad (1.4.8)$$

[*2] $\frac{2\pi}{\omega}$ で1周する原点を中心とする円運動です。速度の大きさは $\frac{2\pi R}{\left(\frac{2\pi}{\omega}\right)} = R\omega$ です。

1-4 自然座標系

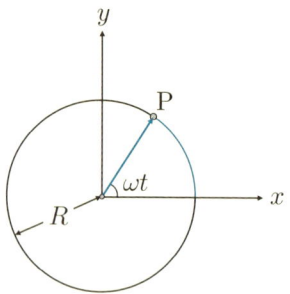

◆図1-4-2　等速円運動

解答

速度の大きさ $v = R\omega$ が一定です。自然座標系の場合、「要点」を使って簡単に求まります。接線方向の加速度はゼロ、法線方向の加速度は $\frac{v^2}{\rho}$ です。円運動では $\rho = R$ ですから、$\frac{(R\omega)^2}{R} = R\omega^2$ となります。

デカルト座標系の場合、式 (1.3.2) と式 (1.3.3) を使って次のようになります。

$$v_x = \frac{dx}{dt} = -R\omega \sin(\omega t) \tag{1.4.9}$$

$$v_y = \frac{dy}{dt} = R\omega \cos(\omega t) \tag{1.4.10}$$

$$a_x = \frac{dv_x}{dt} = -R\omega^2 \cos(\omega t) \tag{1.4.11}$$

$$a_y = \frac{dv_y}{dt} = -R\omega^2 \sin(\omega t) \tag{1.4.12}$$

加速度ベクトルの方向は、位置ベクトルの方向と逆です。つまり、法線方向です。大きさは $a = \sqrt{a_x^2 + a_y^2} = R\omega^2$ となり、両方の座標系で計算した結果は一致します。

結局、要点の式（1.4.6）は、次のように考えることができます。接線方向の加速度は、速度の大きさ v を微分したものです。そして、法線方向の加速度は、微小軌道を円軌道と近似したときの円運動の加速度 $\dfrac{v^2}{\rho}$ です。もちろん、曲率半径 ρ は、微小軌道を円と近似したときの半径です。

例題 1-8

磁場中で荷電粒子が運動するとき、速度の大きさ v_0 は一定で、図1-4-3のような螺旋運動をします。磁場が z 方向とし、z と θ の方向に荷電粒子が入射したとしましょう。x-y 面内で円運動しながら[*3]、z 方向へ一定の速度 $v_0 \cos\theta$ で動く感じで次のようになります。ただし、$t=0$ の位置を $(R, 0, 0)$ とします。

$$x = R\cos(\omega t) \quad (1.4.13)$$
$$y = R\sin(\omega t) \quad (1.4.14)$$
$$z = v_0(\cos\theta)t \quad (1.4.15)$$

この螺旋運動で、x, y, z を原点からの距離 s の関数として表し、ρ を計算しましょう。なお、$R\omega$ が x-y 面内の速度ですから、$R\omega = v_0\sin\theta$ です。

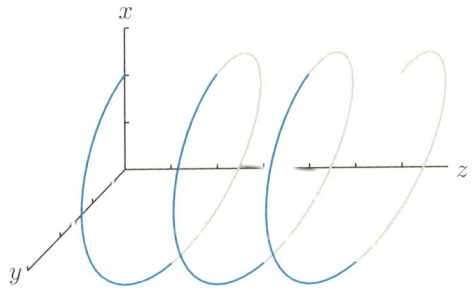

◆図1-4-3　螺旋運動

---

*3 厳密に表現するなら、荷電粒子を x-y 面に投影した点が円運動をします。

解答

速度の大きさが v_0 ですから、$t = \dfrac{s}{v_0}$ です。x, y, z を原点からの距離 s の関数として表すと次のようになります。

$$x = R\cos\left(\frac{\omega}{v_0}s\right) \tag{1.4.16}$$

$$y = R\sin\left(\frac{\omega}{v_0}s\right) \tag{1.4.17}$$

$$z = (\cos\theta)s \tag{1.4.18}$$

式 (1.4.2) より、接線ベクトル $\bm{e}_t$ の x 成分、y 成分、z 成分を計算し、(x 成分、y 成分、z 成分) の形で表します。

> 式 (1.4.16)、式 (1.4.17)、式 (1.4.18) を s で微分

$$\begin{aligned}
\bm{e}_t &= \frac{d\bm{r}}{ds} = \left(\frac{dx}{ds}, \frac{dy}{ds}, \frac{dz}{ds}\right) \\
&= \left(-R\frac{\omega}{v_0}\sin\left(\frac{\omega}{v_0}s\right),\ R\frac{\omega}{v_0}\cos\left(\frac{\omega}{v_0}s\right),\ (\cos\theta)\right)
\end{aligned} \tag{1.4.19}$$

このベクトルは、速度ベクトルを速度の大きさで割ったものになっています。次に、式 (1.4.3) の $\rho = \dfrac{1}{\left|\frac{d\bm{e}_t}{ds}\right|}$ から曲率半径を計算します。

> 式 (1.4.19) を s で微分、ベクトルの大きさは $\sqrt{(x\text{成分})^2 + (y\text{成分})^2 + (z\text{成分})^2}$ で計算する

$$\begin{aligned}
\rho &= \frac{1}{\left|\frac{d\bm{e}_t}{ds}\right|} = \frac{1}{\left|\left(-R\left(\frac{\omega}{v_0}\right)^2\cos\left(\frac{\omega}{v_0}s\right),\ -R\left(\frac{\omega}{v_0}\right)^2\sin\left(\frac{\omega}{v_0}s\right),\ 0\right)\right|} \\
&= \frac{v_0^2}{R\omega^2} = R\frac{v_0^2}{R^2\omega^2} = R\frac{v_0^2}{v_0^2\sin^2\theta} = \frac{R}{\sin^2\theta}
\end{aligned} \tag{1.4.20}$$

> $R\omega = v_0\sin\theta$

練習問題 1-4

磁場中で荷電粒子が、式 (1.4.13)、式 (1.4.14)、式 (1.4.15) で表される螺旋運動をしています。v_0, ω, R, θ は定数として、自然座標系で加速度を求めなさい。

解答

計算は次のようになり、簡単です。

$$\boldsymbol{a} = \frac{dv}{dt}\boldsymbol{e}_t + \frac{v_0^2}{\rho}\boldsymbol{e}_n = 0 + \frac{v_0^2 \sin^2\theta}{R}\boldsymbol{e}_n \quad (1.4.21)$$

なお、$v_0 \sin\theta$ は面内の速度です。結果は、デカルト座標を使って計算したものと同じです。

第2章
質点の運動

物体の運動は、ニュートンの運動の法則に従います。物体がどう運動するかを決める法則ですから、とても大切な法則です。同じように大切なものがエネルギーです。最近は、省エネが世間の関心を集めていますが、エネルギーを本当に理解するには、まず力学でエネルギーを学ぶ必要があります。

2-1 ニュートンの運動の法則

物体の運動を決める基本の法則はニュートンの運動の法則です。ニュートンの運動の法則は3つの法則から成り立っています。要点にまとめます。

要点

(1) 運動の第一法則（慣性の法則）

> 力が働かなければ、静止していた物体は静止を続け、動いていた物体は等速直線運動を続ける。

(2) 運動の第二法則（運動方程式）

質量 [kg] 　合力（力の合計）[N]

$$m\bm{a} = \bm{F}_{\text{total}} \quad \cdots \text{ 質量 } m \text{ が時間に依らない定数の場合} \quad (2.1.1)$$

加速度 $[\text{m/s}^2]$

運動量 $[\text{kg}\cdot\text{m/s}]$ $\bm{p} = m\bm{v}$

$$\frac{d\bm{p}}{dt} = \bm{F}_{\text{total}} \quad \cdots \text{ 相対性理論などにより質量が増える場合}$$
$$(2.1.2)$$

(3) 運動の第三法則（作用反作用の法則）

> 物体Bが物体Aに及ぼす力をF_{AB}とし、物体Aが物体Bに及ぼす力をF_{BA}とすると、
> $$F_{AB} = -F_{BA} \quad (2.1.3)$$
> となる。
> 一方の力を作用と呼び、他方の力を反作用と呼ぶ。

式(2.1.1)と式(2.1.2)は、質量の時間微分がゼロであれば同じ式になります。質量が時間によって変化するのは、次の場合です。
(1) ロケットが噴射している場合[*1]
(2) まとめて机の上に置いた鎖を引っ張りあげる場合[*2]
(3) 素粒子などで非常に速度が速い場合[*3]

例題 2-1

(1) 地球上で、質量mの物体が投げ上げられ、放物線を描いて飛んでいる。飛んでいる物体に働く力を図示しなさい。
(2) 1次元の運動で、質量mが速度vの関数であり、次のように与えられるとします。一定の力F_0が働いたとして、速度を求めなさい。ただし、m_0とcは定数とし、$v(0)=0$とします。
$$m = \frac{m_0}{\sqrt{1-(\frac{v}{c})^2}} \quad (2.1.4)$$
(3) 二つの物体AとBを糸で結び、水平で滑らかな机の上に置き、物体Aを外力F_0で引っ張りました。水平方向の力を全て示しなさい。

[*1] 燃料を噴射して質量が次第に小さくなる。
[*2] 時間が経つと持ち上げられて、鎖の動いている部分は長くなる。その結果、鎖の質量は大きくなる。もちろん、止まっている部分もあわせると鎖の質量は変化しないが、速度vで動いている鎖の質量をmとする。
[*3] 相対性理論により速度が速くなると質量が増加する。

解 答

(1) 図2-1-1に示したように、働く力は下向きの重力だけです。飛んでいるのは慣性の結果であり、力が働かなくても、飛び続けます。重力により飛ぶ向きが変化しています。飛んでいく方向に力が働くと考えるのは、慣性の法則を正しく理解していないということになります。

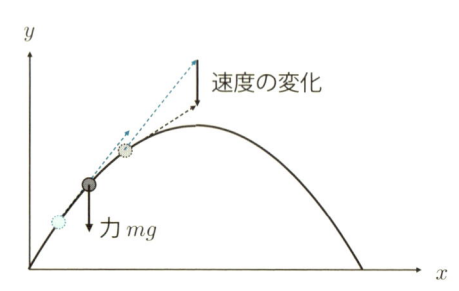

◆図2-1-1 放物運動する物体に働く力

(2) 式 (2.1.2) に式 (2.1.4) を代入した式 $\dfrac{\mathrm{d}\left(\dfrac{m_0 v}{\sqrt{1-\left(\frac{v}{c}\right)^2}}\right)}{\mathrm{d}t} = F_0$ を積分して次の式が得られます。

$v(0) = 0$ だから

$$\dfrac{m_0 v}{\sqrt{1-\left(\dfrac{v}{c}\right)^2}} = 0 + F_0 t \qquad (2.1.5)$$

⬇ 分母を払って、二乗

$$(m_0 v)^2 = (F_0 t)^2 \left\{1 - \left(\dfrac{v}{c}\right)^2\right\}$$

⬇ v^2 の項を左辺に集める

$$\left\{m_0^2 + \left(\dfrac{F_0 t}{c}\right)^2\right\} v^2 = (F_0 t)^2$$

⬇

$$v = \frac{F_0 t}{\sqrt{m_0^2 + (\frac{F_0 t}{c})^2}} = \frac{cF_0 t}{\sqrt{m_0^2 c^2 + (F_0 t)^2}} \quad (2.1.6)$$

$t=\infty$ で $v=c$ となる

　式 (2.1.4) は相対性理論の式です。c は光速です。一定の力が働き続けても、速度は光速 c を超えません。

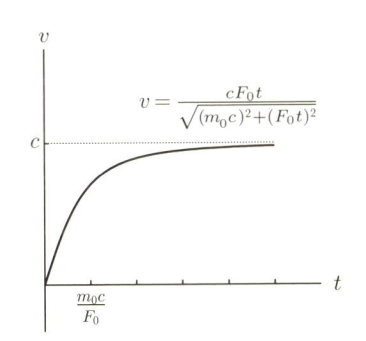

◆図2-1-2　速度 $v = \dfrac{cF_0 t}{\sqrt{m_0^2 c^2 + (F_0 t)^2}}$ のグラフ

(3) 図2-1-3のような力が働きます。糸の質量がゼロであるとき、f_A と f_B は大きさが同じで反対向きです。糸を通して両者が引っ張り合う力と見なします。つまり、作用と反作用と見なします[*4]。

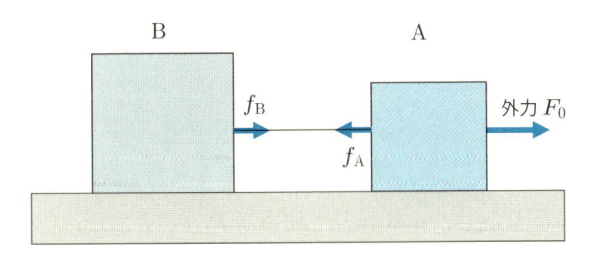

◆図2-1-3　糸で結んだ二つの物体を引く

---

*4　本当は、f_A は糸が物体Aを引く力です。糸に対する運動方程式を立てると、$f_A = f_B$ が導かれます。

速度と力が比例するのではありません。言い換えれば、ある速度で動いている物体に、速度方向の力が働いているわけではないのです。そのことを確認する問題が例題2-1 (1) です。

例題 2-2

(1) 図2-1-4のように、質量m_2の物体2を机の上に置き、滑車を通して質量m_1の物体1で引く運動を求めなさい。ただし、運動摩擦係数をμ'とします。

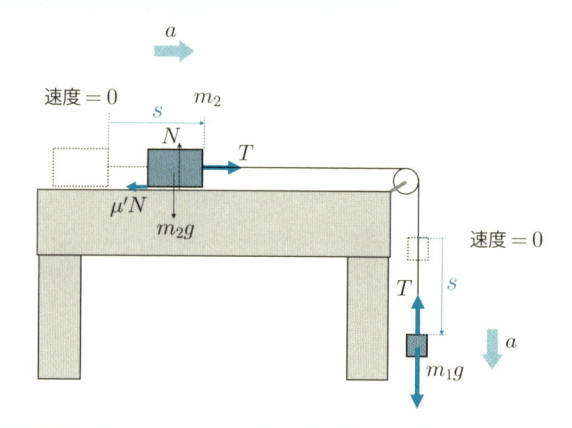

◆図2-1-4　錘で引く

(2) 質量mの物体を初速v_0で水平とθの方向へ投げたときの運動を求めなさい。ただし、最初、原点にいたとします。
(3) 質量mの物体を長さℓの糸につるしました。鉛直の状態$(\theta = 0)$で、初速v_0で揺らしました。自然座標系をとり、最初に止まるまでの運動を求めなさい。ただし、揺れの角度θは小さいと仮定してかまいません。

解答

(1) 鉛直方向の力の釣り合いから、物体2に働く垂直抗力は $N = m_2 g$ です。運動方程式は次のようになります。

> 物体2の動いた距離 s_2 は物体1の動いた距離 s_1 と等しいので、両者を s とおいた

$$m_2 \frac{\mathrm{d}^2 s}{\mathrm{d} t^2} = T - \mu' m_2 g \quad (2.1.7)$$

> 糸の引く張力　　垂直抗力 $N = m_2 g$

$$m_1 \frac{\mathrm{d}^2 s}{\mathrm{d} t^2} = m_1 g - T \quad (2.1.8)$$

> 動く方向 e_t と逆方向に張力 T

式 (2.1.7) と式 (2.1.8) の和をとり T を消去すると、次のようになります。

$$(m_2 + m_1) \frac{\mathrm{d}^2 s}{\mathrm{d} t^2} = m_1 g - \mu' m_2 g \quad (2.1.9)$$

> $\frac{\mathrm{d}s}{\mathrm{d}t}(0)$

$$\frac{\mathrm{d} s}{\mathrm{d} t} = 0 + \int_0^t \left(\frac{m_1 g - \mu' m_2 g}{m_1 + m_2} \right) \mathrm{d} t = \frac{m_1 g - \mu' m_2 g}{m_1 + m_2} t \quad (2.1.10)$$

$$s = 0 + \int_0^t \left(\frac{m_1 g - \mu' m_2 g}{m_1 + m_2} \right) t \, \mathrm{d} t = \frac{1}{2} \left(\frac{m_1 g - \mu' m_2 g}{m_1 + m_2} \right) t^2$$

(2) 水平方向を x、鉛直上方を y として、運動方程式は次のようになります。

> x の時間微分を x の上にドットをつけて表す

$$m \ddot{x} = 0 \quad (2.1.11)$$

$$m \ddot{y} = -mg \quad (2.1.12)$$

積分して次式が得られます。

$$\dot{x} = v_0 \cos\theta + \left[0\right]_0^t = v_0 \cos\theta \quad (2.1.13)$$

⬆ $\dot{x}(0)$

$$\dot{y} = v_0 \sin\theta + \left[-gt\right]_0^t = v_0 \sin\theta - gt \quad (2.1.14)$$

⬆ $\dot{y}(0)$

$$x = 0 + \left[v_0 \cos\theta t\right]_0^t = v_0 \cos\theta t \quad (2.1.15)$$

⬆ $x(0)$

$$y = 0 + \left[v_0 \sin\theta t - \frac{g}{2}t^2\right]_0^t = v_0 \sin\theta t - \frac{g}{2}t^2 \quad (2.1.16)$$

⬆ $y(0)$

(3) 自然座標系をとり、運動方程式は次のようになります。

$v = \dot{s}$ ／ 重力の接線成分（負）

$$m\frac{d^2 s}{dt^2} = -mg\sin\theta = -mg\sin\left(\frac{s}{\ell}\right) \fallingdotseq -mg\frac{s}{\ell}$$

$\frac{s}{\ell}(=\theta)$ が小さいから、$\sin\left(\frac{s}{\ell}\right) \fallingdotseq \frac{s}{\ell}$

接線方向の運動方程式　(2.1.17)

$\frac{v^2}{\rho}$ ／ 糸の張力 ／ 重力の法線成分（負）

$$m\frac{(\dot{s})^2}{R} = T - mg\cos\theta$$

法線方向の運動方程式　(2.1.18)

式 (2.1.17) から、次式のように s が求まります。s が求まると式 (2.1.18) により、糸の張力が求まります[*5]。

$$s = s_0 \cos\left(\sqrt{\frac{g}{\ell}}\,t\right) + v_0 \sqrt{\frac{\ell}{g}} \sin\left(\sqrt{\frac{g}{\ell}}\,t\right) = v_0 \sqrt{\frac{\ell}{g}} \sin\left(\sqrt{\frac{g}{\ell}}\,t\right) \tag{2.1.19}$$

- $s(0)$、当然ゼロ
- $t=0$ の速度が v_0 になるように係数を決めた

練習問題 2-1

(1) 図2-1-5に示したように、質量 m_2 と m_1 の物体が滑車を通してつながっています。$m_2 > m_1$ として、運動を求めなさい。ただし、最初は止まっていたとします。

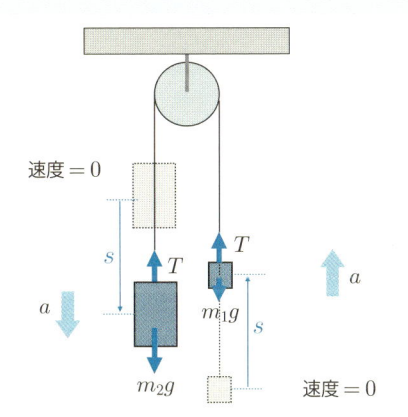

◆図2-1-5　滑車

(2) 磁場中（磁束密度 B）で動く荷電粒子（電荷 q、速度 v）に働く力は $F = qv \times B$ です[*6]。自然座標系での運動方程式を求め、速度の大きさと曲率半径を求めなさい。

[*5] 拙著「これでわかった！微分方程式の基礎」（技術評論社）参照。解であることを確かめるだけなら、式 (2.1.19) を2階微分すればよい。
[*6] 二つのベクトルの外積は、両方のベクトルと直交する。

解 答

(1) 運動方程式は次式のようになります。

> 物体2の動いた距離 s_2 は物体1の動いた距離 s_1 と等しいので、両者を s とおいた

$$m_2 \frac{\mathrm{d}^2 s}{\mathrm{d}t^2} = m_2 g - T \qquad (2.1.20)$$

$$m_1 \frac{\mathrm{d}^2 s}{\mathrm{d}t^2} = T - m_1 g \qquad (2.1.21)$$

式 (2.1.20) と式 (2.1.21) の和をとり T を消去します。

$$(m_2 + m_1)\frac{\mathrm{d}^2 s}{\mathrm{d}t^2} = m_2 g - m_1 g \qquad (2.1.22)$$

$$\frac{\mathrm{d}s}{\mathrm{d}t} = 0 + \int_0^t \left(\frac{m_2 g - m_1 g}{m_2 + m_1}\right) \mathrm{d}t = \frac{m_2 g - m_1 g}{m_2 + m_1} t \qquad (2.1.23)$$

$$s = 0 + \int_0^t \left(\frac{m_2 g - m_1 g}{m_2 + m_1}\right) t\, \mathrm{d}t = \frac{1}{2}\left(\frac{m_2 g - m_1 g}{m_2 + m_1}\right) t^2$$

(2) 速度の大きさを v とし、磁束密度の大きさを B とします。自然座標系をとり、運動方程式は次のようになります。

> 速度 $v = \dot{s}$ 　　力は速度に垂直だから、接線方向成分はゼロ

$$m \frac{\mathrm{d}^2 s}{\mathrm{d}t^2} = 0 \qquad \text{接線方向の運動方程式} \quad (2.1.24)$$

$$m \frac{v^2}{\rho} = qvB \sin\theta \qquad \text{法線方向の運動方程式} \quad (2.1.25)$$

式 (2.1.24) から、速度一定が求まります。磁場方向には力が働かないので、磁場方向の速度も変化しません。この結果、速度を磁場のなす角 θ も一定です。式 (2.1.25) により、曲率半径 $\rho = \dfrac{mv}{qB\sin\theta}$ が求まります。

2-2 仕事と位置エネルギー

力が働いて移動したとき、力は物体にエネルギーを与えます。このエネルギーを<u>仕事</u>と呼びます。仕事は力と移動距離の積です。方向を考えるとき、仕事は<u>力ベクトルと変位ベクトル</u>の内積です。

図2-2-1のように移動したとき、微小区間に分割します。力のする仕事は微小区間を移動するときにする仕事の和になります。微小区間を移動するときの仕事は、力の接線成分F_tと移動距離$\mathrm{d}s$の積です。これは図の細長い長方形の面積になり、分割を細かくする極限で、この和は次の積分で表されます。

$$\int_0^s F_t \, \mathrm{d}s \tag{2.2.1}$$

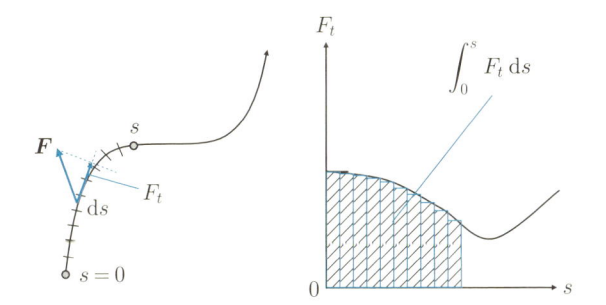

◆図2-2-1　仕事

一周して元の地点に戻ったとき、式(2.2.1)の仕事がゼロになる場合、その力を<u>保存力</u>といいます。ある地点Aから別の地点Bへ移動するときにする仕事は通る道筋に依らないということです[7]。保存力においては、ある点から基準点まで移動するとき力のする仕事を<u>位置エネルギー</u>といいます。

---

[7] 例えば、点Aから曲線C_1を通って点Bに移動しC_0を通って元に戻っても仕事はゼロ。点Aから曲線C_2を通って点Bに移動しC_0を通って元に戻っても仕事はゼロ。そうすると、点Aから曲線C_1を通って点Bに移動する仕事と点Aから曲線C_2を通って点Bに移動する仕事は等しいということになる。

重力、バネの力、万有引力、クーロン力など多くの力が保存力です。一方、摩擦力は**非保存力**です。

> **要点**

【仕事】 【力の接線成分】

$$W = \int_0^s F_t \, ds \tag{2.2.2}$$

【内積を表すドット】

$$= \int_0^s \boldsymbol{F} \cdot d\boldsymbol{s} \quad \cdots \text{ベクトルで表すときはこう表す} \tag{2.2.3}$$

【重力の位置エネルギー】

$$U_{重力}(z) = mgz \qquad \cdots \text{高さ } z\text{、基準点 } z = 0 \tag{2.2.4}$$

【バネの位置エネルギー】

$$U_{バネ}(x) = \frac{k}{2}x^2 \qquad \cdots \text{伸び } x\text{、基準点 } x = 0 \tag{2.2.5}$$

【万有引力の位置エネルギー】

$$U_{万有引力}(r) = -\frac{GMm}{r} \quad \cdots \text{質量 } M \text{ の点から } r\text{、基準点 } r = \infty \tag{2.2.6}$$

例題 2-3

(1) 重力の位置エネルギーを計算しなさい。
(2) バネの位置エネルギーを計算しなさい。

解 答

(1) 図2-2-2の微小距離移動するときの仕事 $F_t \mathrm{d}s$ は、高さの差 $\mathrm{d}z$ を使って、$F\mathrm{d}z = -mg\,\mathrm{d}z$ と書けます[*8]。その結果、ある点 (x, y, z) から基準点 $(z = 0)$ まで移動するときの仕事は次のようになります。

(x, y, z) から基準点 $(z=0)$ まで移動するときの仕事

$$U(x, y, z) = \int_0^s F_t\,\mathrm{d}s = \int_z^0 -mg\,\mathrm{d}z = mgz \quad (2.2.7)$$

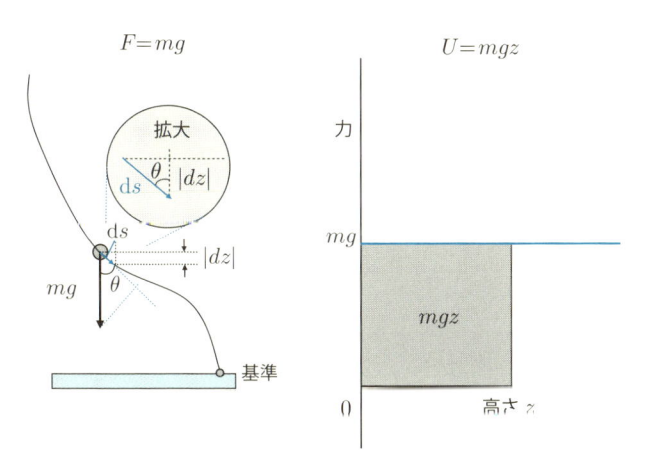

◆図2-2-2 重力のする仕事

---

*8 拡大図を参照してください。$F_t\,\mathrm{d}s = (mg\cos\theta)\mathrm{d}s = mg(\cos\theta\,\mathrm{d}s) = mg|\mathrm{d}z| = mg(-\mathrm{d}z)$

(2) バネの伸びがxである点から基準点$(x=0)$まで移動するときの仕事は次のようになります。

$$U(x) = \int_0^s F_t \, \mathrm{d}s = \int_x^0 -kx \, \mathrm{d}x = \frac{kx^2}{2} \quad (2.2.8)$$

　　バネの伸びがxである点から基準点$(x=0)$まで移動するときの仕事

　　sとxの方向が逆だから$\mathrm{d}s = -\mathrm{d}x$

　重力とバネの位置エネルギーはそれ自体も大切ですが、クーロン力も重力と同じ式で表されます。重力の練習問題を解くことにより、電磁気学の勉強もしていることになります。また、結晶中の分子に働く力も、力が大きくない場合は、バネの力と同じ式になります。バネの力を勉強することは結晶中での力にも応用できます。

例題2-4

図2-2-3のように水平とθの角をなす斜面に、質量mの物体が置かれています。重力と摩擦力のする仕事を求めなさい。

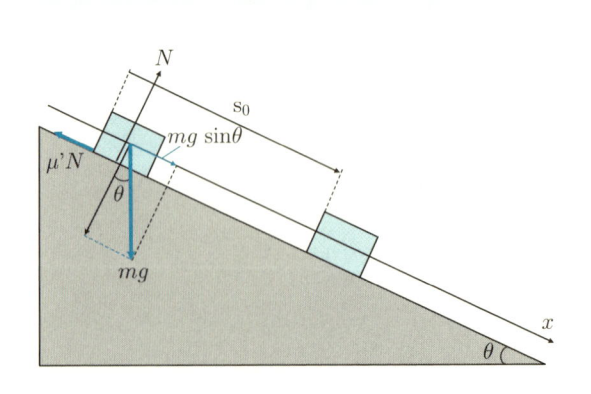

◆図2-2-3　重力と摩擦力の仕事

解答

重力の接線成分は、$mg\sin\theta$です。一方、摩擦力は接線方向に働き、大きさは垂直抗力 N に運動摩擦係数 μ' をかけたものです。仕事 W は次のようになります。

$$W = \int_0^{s_0} F_t \, ds = \int_0^{s_0} (mg\sin\theta - \mu' mg\cos\theta) \, ds$$

（重力の接線成分／摩擦力／法線方向の力のつり合いより、$N = mg\cos\theta$）

$$= (mg\sin\theta - \mu' mg\cos\theta) s_0 \tag{2.2.9}$$

練習問題 2-2

万有引力の位置エネルギーを計算しなさい。

解答

質量 M の物体が原点にあるとき、原点から r 離れた点にある質量 m の物体に働く力は、$F_r = -\dfrac{GMm}{r^2}$ です[*9]。

（原点からの距離が r である点から基準点 $(r = \infty)$ まで移動するときの仕事）

$$U(r) = \int_0^\infty F_t \, ds = \int_r^\infty -\frac{GMm}{r^2} \, dr = -\frac{GMm}{r} \tag{2.2.10}$$

（被積分関数のマイナス、積分してマイナス、下限を代入するマイナス、3つのマイナスの積です）

[*9] 原点から遠ざかる方向の力の成分を、極座標 r 方向成分という意味で、F_r と書く。

2-3 エネルギー保存則

運動エネルギーを $E_k = \dfrac{mv^2}{2}$ と定義します。運動方程式を次のように変形すると、力がする仕事だけ運動エネルギーが増えることがわかります。ただし、最初の速度と位置を0としました。

$$m\frac{\mathrm{d}\boldsymbol{v}}{\mathrm{d}t} = \boldsymbol{F}$$

⬇ 両辺に v をかける

$$m\boldsymbol{v}\frac{\mathrm{d}\boldsymbol{v}}{\mathrm{d}t} = \boldsymbol{F}\boldsymbol{v}$$

⬇ 右辺の v を、$v = \dfrac{\mathrm{d}\boldsymbol{r}}{\mathrm{d}t}$ として、両辺を時間で積分

$$\int_0^t m\boldsymbol{v}\frac{\mathrm{d}\boldsymbol{v}}{\mathrm{d}t}\,\mathrm{d}t = \int_0^t \boldsymbol{F}\frac{\mathrm{d}\boldsymbol{r}}{\mathrm{d}t}\,\mathrm{d}t$$

⬇ 置換積分

$$\int_0^{\boldsymbol{v}} m\boldsymbol{v}\,\mathrm{d}\boldsymbol{v} = \int_0^{\boldsymbol{r}} \boldsymbol{F}\,\mathrm{d}\boldsymbol{r}$$

⬇

$$\frac{mv^2}{2} = 仕事$$

$$\cdots \int_0^{\boldsymbol{v}} m\boldsymbol{v}\,\mathrm{d}\boldsymbol{v} + \int_0^{\boldsymbol{v}} m\,(v_x\mathrm{d}v_x + v_y\mathrm{d}v_y + v_z\mathrm{d}v_z)$$

として、成分で計算する

(2.3.1)

保存力の場合、点1から点2へ移動すると、力は$U_1 - U_2$の仕事をします。これが運動エネルギーの増加になりますから、要点に書いた**エネルギー保存則**が成り立ちます。

> **要 点**
>
> 運動エネルギーと位置エネルギーの和、すなわち、力学的エネルギーは保存する。
>
> 点1における運動エネルギー　　点1における位置エネルギー
>
> $$E_{k1} + U_1 = E_{k2} + U_2 \qquad (2.3.2)$$
>
> $\dfrac{mv_1^2}{2}$　　点2における位置エネルギー

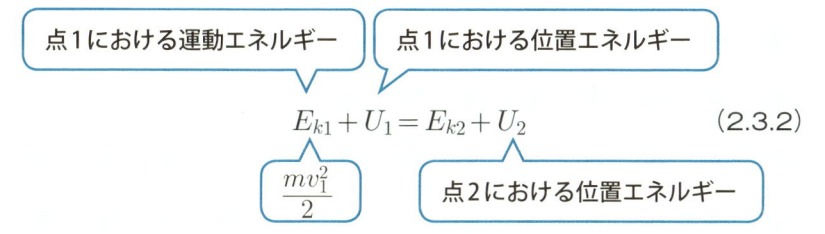

例題 2-5

図2-3-1のように、天井から長さRの糸でつるし半径Rの円軌道を描かせます。最初鉛直とθの角にして静止させます。真下に来たときの速度を求めなさい。

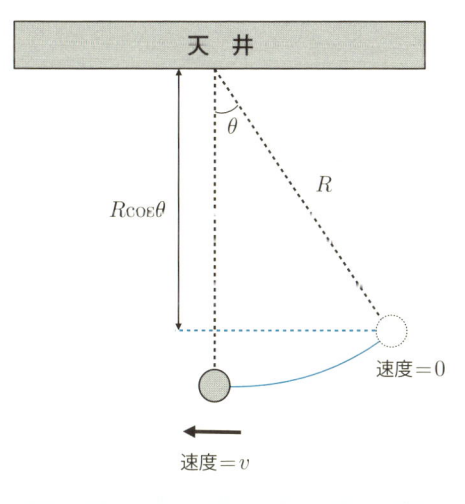

◆図2-3-1　振り子

解 答

天井を基準点とします。「点1（静止していた位置）から点2（真下）まで動いたとき、重力がする仕事」は、「点1から基準点まで動いたとき、重力がする仕事」と「基準点から点2まで動いたとき、重力がする仕事」の和に等しくなります。「基準点から点2まで動いたとき、重力がする仕事」は「点2から基準点まで動いたとき、重力がする仕事」にマイナスを付けたものです。この結果、運動エネルギーの増加は位置エネルギーの減少に等しくなり、エネルギー保存則が成り立ちます。

$$E_{k1} + U_1 = E_{k2} + U_2$$

$$\frac{m0^2}{2} + (-mgR\cos\theta) = \frac{mv^2}{2} + (-mgR) \quad (2.3.3)$$

これをvに関する方程式として解くと、$v = \sqrt{2gR(1-\cos\theta)}$となります。

エネルギー保存則は、熱も含めたエネルギー保存則へと拡張されます。力学の範囲では、この例題のように、ある場所での速度を求めたりするのに使われます。

例題2-6

図2-3-2のように、床から高さhの滑らかな斜面上に置いた質量mの物体を滑らせます（初速0）。床には、水平に、バネ定数kの質量を無視できるバネが置いてあります。バネの一端は壁に固定され、他端には質量を無視できる板がつけられています。物体が下まで滑ってきて、バネに衝突し、xだけ縮めて止まったとします。xを求めなさい。

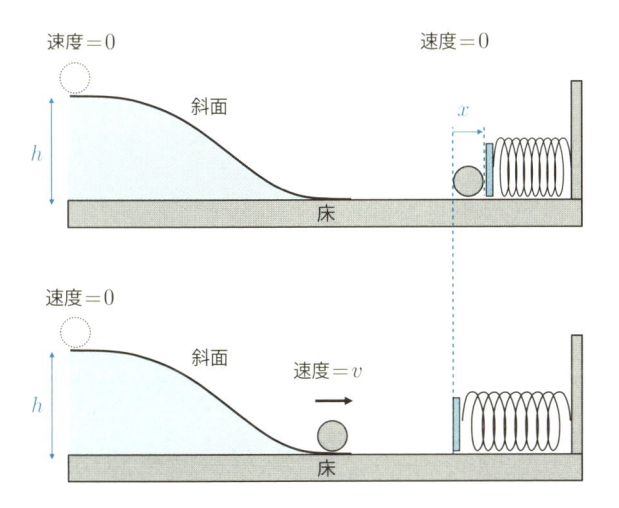

◆図2-3-2 バネ（水平）

解 答

最初の状態（状態1）とバネを縮めて静止した状態（状態2）のエネルギーが保存します。ただし、床を重力の位置エネルギーの基準とし、バネが縮んでいない状態をバネの位置エネルギーの基準とします。

$$E_{k1} + U_{重力1} + U_{バネ1} = E_{k2} + U_{重力2} + U_{バネ2}$$

$$\frac{m0^2}{2} + mgh + \frac{k0^2}{2} = \frac{m0^2}{2} + mg0 + \frac{kx^2}{2} \quad (2.3.4)$$

これを x に関する方程式として解くと、$x = \sqrt{\dfrac{2mgh}{k}}$ となります。

練習問題2-3

図2-3-3のように、天井からバネ定数kのバネをつるします。自然の長さはℓです。質量mの錘をつるすと、バネはx_0だけ伸びます。錘を引っ張って、バネの伸びをx_1としてから離しました。バネの伸びがx_0になったときの速度vを求めなさい。

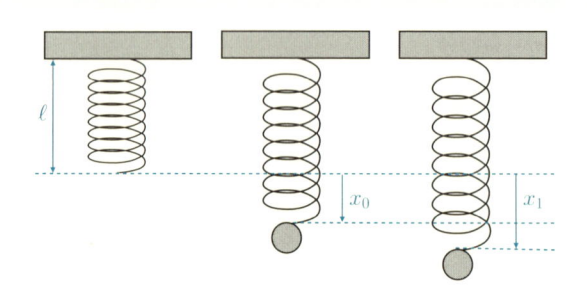

◆図2-3-3 バネ（垂直）

解答

バネの伸びがx_1であり速度が0である最初の状態（状態1）とバネの伸びがx_0になった状態（状態2）のエネルギーが保存します。バネが縮んでいない状態をバネの位置エネルギーの基準とし、天井からℓの位置を重力の位置エネルギーの基準とすると、次のようになります。

$$E_{k1} + U_{重力1} + U_{バネ1} = E_{k2} + U_{重力2} + U_{バネ2}$$

⬇

$$\frac{m0^2}{2} + (-mgx_1) + \frac{kx_1^2}{2} = \frac{mv^2}{2} + (-mgx_0) + \frac{kx_0^2}{2} \quad (2.3.5)$$

これをvに関する方程式として解くと、

$v = \sqrt{\dfrac{k(x_1^2 - x_0^2)}{m} + 2g(x_0 - x_1)}$ となります。

2-4 運動量保存則

運動量を $p=mv$ と定義します。物体1と物体2に、他からの外力は働いていないとします。運動方程式に、作用反作用の法則を考慮すると、二つの物体の運動量の和が保存することがわかります。

$$m_1 \frac{d\bm{v}_1}{dt} = \bm{F}_1 \qquad m_2 \frac{d\bm{v}_2}{dt} = \bm{F}_2$$

⬇ 両式の和をとり、$F_1 + F_2 = 0$ を使う

$$m_1 \frac{d\bm{v}_1}{dt} + m_2 \frac{d\bm{v}_2}{dt} = \bm{F}_1 + \bm{F}_2 = 0$$

⬇ $p=mv$ を使う

$$\frac{d}{dt}(\bm{p}_1 + \bm{p}_2) = 0 \tag{2.4.1}$$

二つの物体の運動量の和が時間によらず一定であることがわかりました。このことは物体の数がいくつであっても成り立ちます。つまり、運動量の和は、外から外力が働かない限り、時間が経っても変化せず、保存します。これを**運動量保存則**といいます。

要点

外力が働かない限り、運動量の和は保存します。

$$\underbrace{\sum_{i=1}^{N} \bm{p}_i}_{\text{前の運動量}} = \underbrace{\sum_{i=1}^{N} \bm{p}'_i}_{\text{後の運動量}} \tag{2.4.2}$$

（N 個の物体の運動量の和）

例題 2-7

質量が m_1 で速度が v_0 の物体1が、静止している質量 m_2 の物体2に衝突しました。衝突のときの物体2に働く力を $F(t)$ として、物体2に働く**力積**は $\int_{t_1}^{t_2} F(t)\,dt$ と定義されます[*10]。物体2に働く力積が A であるとして、衝突後の二つの物体の運動量 m_1v_1 と m_2v_2 を求めなさい。

解答

物体2と物体1の運動方程式を積分すると次のとおりです。

$m_2 \frac{dv_2}{dt} = F(t)$ を積分する

$$m_2(v_2 - 0) = \int_{t_1}^{t_2} F(t)\,dt = A \quad \rightarrow \quad m_2v_2 = A \quad (2.4.3)$$

衝突前 $(t=t_1)$ の速度
衝突後 $(t=t_2)$ の速度

$m_1 \frac{dv_1}{dt} = -F(t)$ を積分する

$$m_1(v_1 - v_0) = \int_{t_1}^{t_2} -F(t)\,dt = -A \quad \rightarrow \quad m_1v_1 = m_1v_0 - A \quad (2.4.4)$$

衝突前 $(t=t_1)$ の速度
衝突後 $(t=t_2)$ の速度

物体2の運動量の増加が物体1の運動量の減少に一致しており、運動量保存則が成り立っていることが確認できます。

---

*10 t_1 と t_2 の間に衝突が起きているとします。それ以外では力が働かないとします。

この例題を逆に使うと、運動量の変化がわかると力積を求めることができ、平均の力を計算することができます。気体分子運動論により、気体の圧力を計算したりするのに利用されます。

例題 2-8

図2-4-1のように、質量Mの斜面の上に質量mの物体が置いてあります。床と斜面、斜面と物体の間に抵抗がないとし、両者は最初静止していたとします。斜面の速度が$-V$になったとき、物体の水平方向v_xと鉛直方向の速度v_yはいくらになりますか。

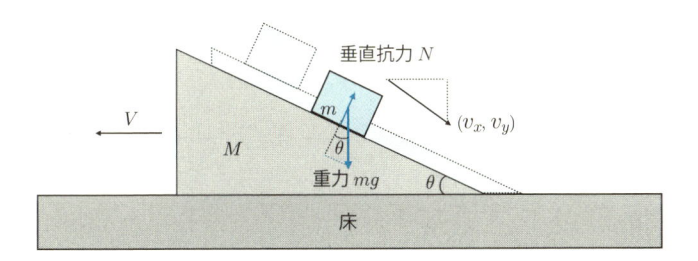

◆図2-4-1 斜面と物体

解答

水平方向の外力は働かないので、水平方向の運動量は保存します。次式が成り立ちます。

> 最初の運動量の和は$0+0$

$$0+0 = mv_x + M(-V) \qquad (2.4.5)$$

斜面から見た物体の速度は、物体の速度から斜面の速度を引いたものです。x成分は$v_x - (-V)$であり、y成分はv_yです。斜面を滑るためには、斜面から見た物体の速度の傾きが$-\tan\theta$である必要があります。

この結果、次のようになります。

$$-\tan\theta = \frac{v_y}{v_x + V} = \frac{v_y}{\frac{M}{m}V + V} \quad (2.4.6)$$

（$v_x = \frac{MV}{m}$ を代入）

まとめると、$v_x = \dfrac{MV}{m}$、$v_y = -\dfrac{M+m}{m}V\tan\theta$ となります。

練習問題 2-4

気体分子 N 個が一辺 L の立方体容器の中に入っています。質量 m の一つの分子が図2-4-2のように、速度 v で容器の壁 A に衝突し、エネルギーを保存して跳ね返りました。この分子が常に速度 v、または、$-v$ で二つの壁の間を往復しているとします。往復する時間が $\dfrac{2L}{v}$ ですから、時間 T の間に壁 A に衝突する回数は、$\dfrac{Tv}{2L}$ です。壁 A がこの分子から受ける力を求めなさい。

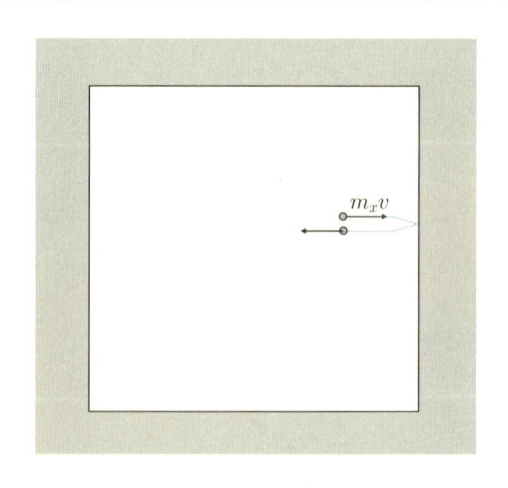

◆図2-4-2　気体分子運動論

解答

分子が1回の衝突で受ける力積は運動量の変化 $-mv_x - mv_x = -2mv_x$ です。壁が1回の衝突で受ける力積は作用反作用の法則より、マイナスをつけて、$2mv_x$ です。

壁が1回の衝突で受ける力積 $= 2mv_x$

> $\frac{Tv_x}{2L}$ 回衝突するので

壁が時間 T の間に受ける力積 $= 2mv_x \dfrac{Tv_x}{2L} = \dfrac{mv_x^2}{L}T$

> 平均の力 $\overline{f} = \dfrac{1}{T}\displaystyle\int_0^T f(t)\,\mathrm{d}t = \dfrac{\text{力積}}{T}$

$$\text{壁が受ける平均の力 } \overline{f} = \dfrac{mv_x^2}{L} \qquad (2.4.7)$$

この力を壁 A の面積 L^2 で割った $\dfrac{mv_x^2}{L^3}$ が、分子1個による圧力です。このように、気体分子の運動に対しても、ニュートンの運動法則は応用できます。

2-5 力のモーメントと角運動量保存則

角運動量を $\boldsymbol{\ell} = \boldsymbol{r} \times \boldsymbol{p}$ と定義します。物体1と物体2に、他からの外力は働いていないとします。運動方程式と作用反作用の法則を考慮すると、二つの物体の角運動量の和が保存することがわかります。まず運動方程式に、左から位置ベクトルをかけます（外積）。

> 外積：$\boldsymbol{A} \times \boldsymbol{B}$ の場合、両方のベクトルに垂直で $\boldsymbol{A}$ から $\boldsymbol{B}$ へ右ねじをまわしたとき進む方向、大きさは $AB\sin\theta$、ただし、θ は $\boldsymbol{A}$ と $\boldsymbol{B}$ の間の角

$$\boldsymbol{r}_1 \times \frac{\mathrm{d}\boldsymbol{p}_1}{\mathrm{d}t} = \boldsymbol{r}_1 \times \boldsymbol{F}_1 \qquad \boldsymbol{r}_2 \times \frac{\mathrm{d}\boldsymbol{p}_2}{\mathrm{d}t} = \boldsymbol{r}_2 \times \boldsymbol{F}_2$$

⬇ 両式の和をとり、$F_1 = -F_2$ を使う

$$\boldsymbol{r}_1 \times \frac{\mathrm{d}\boldsymbol{p}_1}{\mathrm{d}t} + \boldsymbol{r}_2 \times \frac{\mathrm{d}\boldsymbol{p}_2}{\mathrm{d}t} = (\boldsymbol{r}_1 - \boldsymbol{r}_2) \times \boldsymbol{F}_1 = 0$$

> $\boldsymbol{r}_1 - \boldsymbol{r}_2$ と $\boldsymbol{F}_1$ は平行、質点1に働く力は質点2の方向から（図2-5-1）

⬇ 積の微分 $\dfrac{\mathrm{d}\boldsymbol{\ell}}{\mathrm{d}t} = \boldsymbol{r} \times \dfrac{\mathrm{d}\boldsymbol{p}}{\mathrm{d}t} + \dfrac{\mathrm{d}\boldsymbol{r}}{\mathrm{d}t} \times \boldsymbol{p}$ と、$\dfrac{\mathrm{d}\boldsymbol{r}}{\mathrm{d}t} = \boldsymbol{v}$ と $\boldsymbol{v} \parallel \boldsymbol{p}$ を使う

$$\frac{\mathrm{d}}{\mathrm{d}t}(\boldsymbol{\ell}_1 + \boldsymbol{\ell}_2) = 0 \qquad (2.5.1)$$

二つの物体の角運動量の和が時間によらず一定であることがわかりました。このことは物体の数がいくつであっても成り立ちます。つまり、角運動量の和は、外から外力が働かない限り、時間が経っても変化せず、保存します。これを**角運動量保存則**といいます。

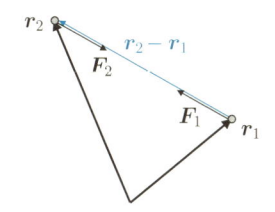

◆図2-5-1 外力なし

要 点

(1) 角運動量と力のモーメント

角運動量	$\boldsymbol{\ell} = \boldsymbol{r} \times \boldsymbol{p}$	(2.5.2)
力のモーメント	$\boldsymbol{N} = \boldsymbol{r} \times \boldsymbol{F}$	(2.5.3)
回転の運動方程式	$\dfrac{\mathrm{d}\boldsymbol{\ell}}{\mathrm{d}t} = \boldsymbol{N}$	(2.5.4)

(2) 角運動量保存則：外力が働かない限り、角運動量の和は保存します。

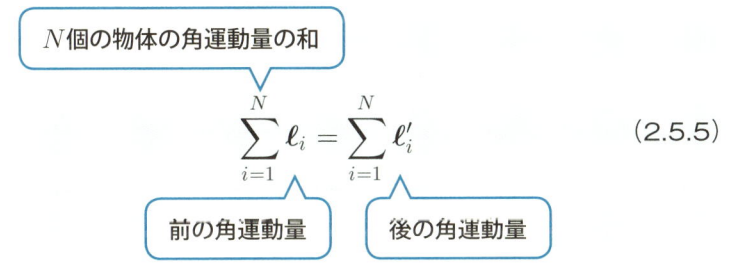

$$\sum_{i=1}^{N} \boldsymbol{\ell}_i = \sum_{i=1}^{N} \boldsymbol{\ell}'_i \tag{2.5.5}$$

（N個の物体の角運動量の和／前の角運動量／後の角運動量）

外力がゼロでなくとも、外力の力のモーメントがゼロである場合も角運動量は保存します。

　回転における「運動量」が角運動量です。また、$\boldsymbol{r}_1 \times \boldsymbol{F}_1$ を物体1に働く力のモーメントといいます。力のモーメントを式でなく言葉で説明しましょう。

　回転における「力」が力のモーメントです。ハンドルを回転させるとき、同じ大きさの力でも、中心からの距離が大きいと効果があります。つまり、回転に効くのは力ではなく、力と中心からの距離の積です。この回転に効く力と距離の積を力のモーメントといいます。

詳しく説明すると、位置ベクトルrの点に力Fが働くと、力のモーメントは次のように定義されます[*11]。

$$N = r \times F \quad (2.5.6)$$

図2-5-2のF_1の場合、力のモーメントを計算すると、大きさが$r_1 F_1$で、方向がz方向となります。一方、F_2の場合、力のモーメントを計算すると、大きさが$r_2 F_2 \sin\theta$で、方向が$-z$方向となります。力のモーメントの方向が回転軸を表し[*12]、大きさが回転させるときの「力」の強さです。

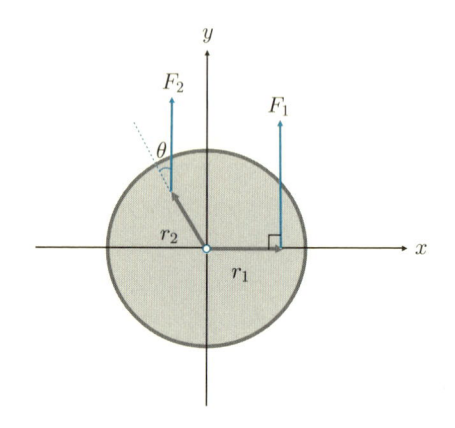

◆図2-5-2 力のモーメント

例題2-9

(1) 大きさを持った物体がつりあうのは、力がゼロであることに加え、力のモーメントがゼロになる必要があります。図2-5-3のように、長さℓ質量mの棒が、摩擦のない床と壁の間に立てかけてあります。棒の下端に水平な外力Fをかけてつりあっているとき、外力を求めなさい。

---

*11　原点の回りの回転をさせる力のモーメント。原点の位置により、力のモーメントは異なる。
*12　z成分が負であるとき、z方向から見て時計回りの回転。z成分が正であるとき、z方向から見て反時計回りの回転となる。

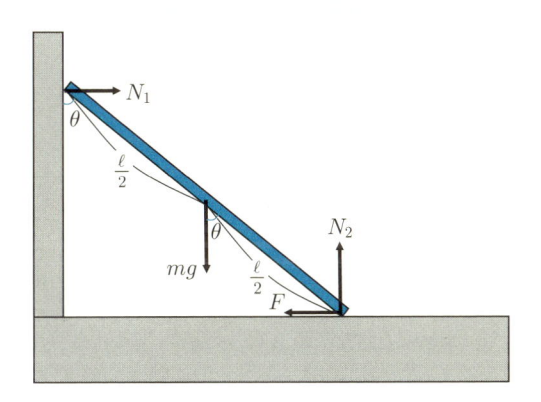

◆図2-5-3 大きさを持った物体のつりあい

(2) フィギュアスケートのスピンは腕を縮めることによって速く回転します。なぜでしょう。まだ剛体の回転を勉強する前ですから、こぶしの質量を m、それ以外の質量をゼロとしてください。

つりあいの問題を考える場合、回転の中心をどこにとってもかまいません。それを確かめるため、別の点を回転の中心に選んで問題を解いてみてください。

解答

(1) 次のような条件を満たしています[13]。

$$mg = N_2 \quad \text{垂直方向の力の合計がゼロ} \quad (2.5.7)$$

（床からの垂直抗力）

$$F = N_1 \quad \text{水平方向の力の合計がゼロ} \quad (2.5.8)$$

（壁からの垂直抗力）

---

[13] 力がつりあっている場合、任意の点を回転の中心とする力のモーメントを考えてもよい。

$$\boxed{\sin(\pi-\theta)=\sin\theta} \quad \boxed{\sin\left(\tfrac{\pi}{2}+\theta\right)=\cos\theta}$$

$$\frac{\ell}{2}mg\sin\theta = \ell N_1 \cos\theta \quad \text{力のモーメントがゼロ}$$
$$\text{（下端を回転の中心とする）} \tag{2.5.9}$$

結局、$N_2 = mg$、$N_1 = \frac{mg}{2}\tan\theta$、$F = N_1 = \frac{mg}{2}\tan\theta$です。

(2) 腕を伸ばしたときの長さをr_0として、腕を縮めたときの長さをr_1とします。腕を伸ばしたときの回転の角速度[*14]をω_0として、腕を縮めたときの長さをω_1とすると、角運動量保存則より、次式が求まります。ただし、大きさのみ（z成分のみ）を書きます。

> 速度が角速度と半径の積であることから、
> $p_0 = mv_0 = mr_0\omega_0$

$$mr_0^2\omega_0 = mr_1^2\omega_1 \tag{2.5.10}$$

腕を縮めたときの角速度は$\omega_1 = \frac{r_0^2}{r_1^2}\omega_0$となり、速くなります。

---

*14 単位時間に回転する角度。円運動では、角速度と半径の積が速度になる。

例題 2-10

机の中央に小さな穴が開いています。質量 m の小さな物体を机の上に置き、物体に糸をつけます。糸を机中央の穴に通して、下から糸を引っ張ります。物体に初速 v_0 を与え半径 r_0 の円運動をさせます。糸を引っ張る力を強くすると、円運動の半径は徐々に小さくなります。この様子が**図2-5-4**に描いてあります。摩擦はないとして、角運動量が保存することを使って、半径が r となったときの速度 v を求めなさい。

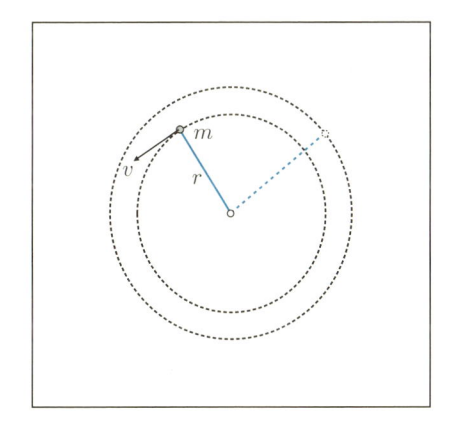

◆図2-5-4　中心力

解 答

糸に引く力を $\boldsymbol{F}$ として、物体に働く力のモーメントが $\boldsymbol{r} \times \boldsymbol{F} = 0$ となります。この結果、物体の角運動量は保存します。角運動量の大きさは次のようになります。

$$r_0 m v_0 = rmv \quad (2.5.11)$$

（最初の角運動量 = 半径 r のときの角運動量）

結局、$v = \dfrac{r_0}{r} v_0$ となります。

練習問題 2-5

彗星（や惑星）が太陽の周りを回転するとき、図2-5-5に斜線で示した面積を「彗星が描く面積」と呼ぶことにします。そして、単位時間に彗星が描く面積を面積速度といいます。面積速度が一定であることを示しなさい。これをケプラーの第2法則といいます。

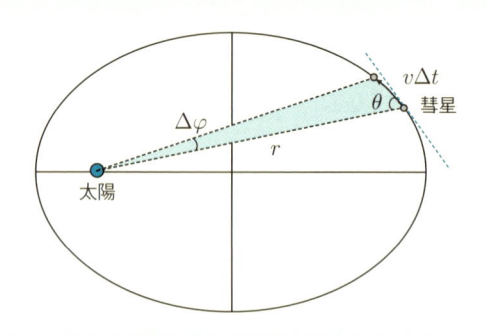

◆図2-5-5　面積速度一定

解答

太陽の回りの回転に関し、万有引力の力のモーメントはゼロになり、角運動量が保存します。

位置ベクトル r と速度 v のなす角を $\pi - \theta$

$$rmv \sin\theta = 一定 \qquad (2.5.12)$$

ところで、微小時間 Δt の間に描く面積は、（底辺）×（高さ）÷ 2 です。面積速度は Δt で割って次のようになります。

（高さ）$= v\Delta t \sin\theta$

$$面積速度 = \frac{rv\sin\theta}{2} \qquad (2.5.13)$$

式 (2.5.12) に $\frac{1}{2m}$ をかけたものになり、やはり一定になります。

第3章

座標変換と慣性力

一定の速度で飛ぶ飛行機に乗っても、私たちは何も感じません。しかし、遊園地のジェットコースターに乗ると、強い力を感じます。これは慣性力のためです。本章では、座標変換と慣性力を学びましょう。

3-1 慣性系

　慣性の法則など運動の法則が成り立つ座標系を**慣性系**といいます。電車が動き出すと、電車に乗っている人は倒れそうになります。しかし、一定の速度になったときは動いていないときと同じように感じます。これは、一定の速度で動く座標系は、私たちの座標系と同じように慣性系だからです[*1]。それでは、どういう座標系が慣性系でしょう。

> **要 点**
> (1) 慣性系では慣性の法則など運動の法則が成り立つ
> (2) 慣性系に対し、等速直線運動をする座標系は慣性系である

> **例題 3-1**
>
> 　図3-1-1に示したように、慣性系（O系）に対し、原点が $R(t)$ 離れた座標系（O′系）があります。$R(t) = V_0 t + R_0$ ならば、O′系は慣性系であることを示しなさい。ただし、V_0, R_0 は定数です。

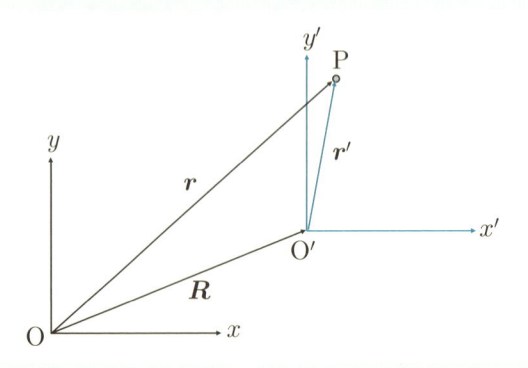

◆図3-1-1　慣性系

[*1] 地球が動いているため、私たちの座標系は厳密な慣性系ではありません。近似的な慣性系です。

解答

点PのO系での座標を$r(t)$とし、O′系での座標を$r'(t)$とします。図より$r(t) = r'(t) + R(t)$が分かります。点Pに働く力をFとして、O系で運動方程式が成り立つことから次のようになります。

$$m\frac{d^2 r}{dt^2} = F \quad (3.1.1)$$

$$\downarrow r(t) = r'(t) + R(t)$$

$$m\frac{d^2 r'}{dt^2} + m\frac{d^2 R}{dt^2} = F \quad (3.1.2)$$

$$\downarrow \frac{d^2 R}{dt^2} = \frac{dV_0}{dt} = 0$$

$$m\frac{d^2 r'}{dt^2} = F \quad (3.1.3)$$

O′系での運動方程式も全く同じ式になりました。余分の力は現れません。

厳密に言うと、地球は(太陽の周りを)回っていますから慣性系ではありません。しかし、たいていの場合は慣性系とみなすことができます。そして、第2章で学んだニュートンの運動の法則が成り立ちます。

例題3-2

鉛直方向をy方向とし、飛んでいる方向をx方向とすると、一定の速度$V_0 = (V_0, 0)$で飛んでいるヘリコプターは慣性系です。ヘリコプターの中で、質量mの物体を落下させると、まっすぐ真下に落下するはずです。この運動をO系で観測すると、どうなるでしょう。物体を落下させる位置をO′系の原点O′とし、時刻0におけるO′の位置がO系の原点Oの真上$(0, H)$の点として答えなさい。z方向は省略して結構です。

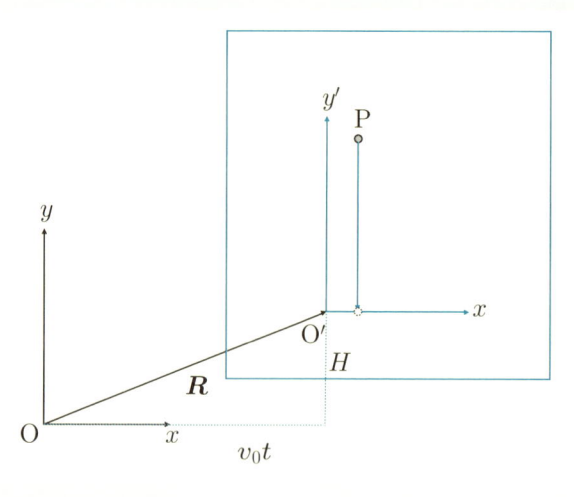

◆図3-1-2 慣性系での自由落下

解答

O′系で初速0ですから、O′系での座標$x'(t), y'(t)$はすぐ求まります。O点からO′点への位置ベクトル$\boldsymbol{R}$のy座標が$Y=H$、x座標が$X=V_0 t$として座標変換すると、次のようになります。

O′系での初速のx成分はゼロ　　O′系での初速のy成分はゼロ

$$x' = 0 - 0t \qquad y' = 0 - 0t - \frac{g}{2}t^2 \qquad (3.1.4)$$

⬇ $y' = y - H$と$x' = x - V_0 t$を代入

$$x = V_0 t \qquad y = H - \frac{g}{2}t^2 \qquad (3.1.5)$$

O系でのx座標とy座標は、初速$(V_0, 0)$で投げたときの放物運動です。これは当然の結果です。というのは、ヘリコプターの中で初速度が$(0, 0)$であれば、O系での初速度は$(V_0, 0)$だからです。どちらの座標系でも運動の法則が成り立っており、慣性系です。

3-2 非慣性系

慣性系に対し等速直線運動をしている座標系は同じく慣性系でした。それでは、慣性系に対して加速度運動をしている座標系では、どんなことが起こるでしょう。慣性系に対し加速度運動している座標系では、実際に働いている力以外に見かけの力が働きます。この力を**慣性力**といいます。

> **要 点**
>
> 加速度座標系では、質量 m の物体に次のような慣性力が働く。
>
> 慣性力 [N] = $-m\boldsymbol{A}$ （物体の質量 [kg]、加速度座標系の加速度 [m/s²]） (3.2.1)

> **例題 3-3**
>
> 図 3-2-1 に示したように、慣性系（O系）に対し、原点が $\boldsymbol{R}(t)$ 離れた座標系（O′系）があります。O′系がO系に対し等加速度運動しているとします。すなわち、$\boldsymbol{R}(t) = \dfrac{1}{2}\boldsymbol{A}_0 t^2 + \boldsymbol{V}_0 t + \boldsymbol{R}_0$ であるとします。このとき、O′系では、物体（質量 m）に対する運動方程式に、慣性力 $-m\boldsymbol{A}_0$ が加わることを示しなさい。ただし、$\boldsymbol{A}_0, \boldsymbol{V}_0, \boldsymbol{R}_0$ は定数です。

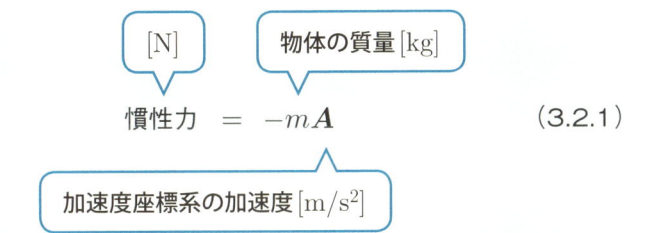

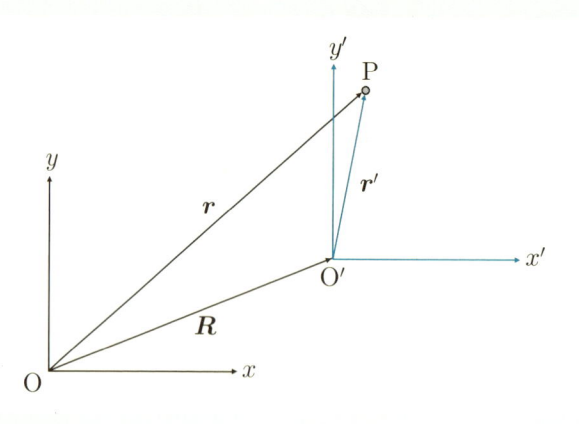

◆図3-2-1 慣性力

解 答

O系での座標を $r(t)$ とし、O′系での座標を $r'(t)$ とします。図より $r(t) = r'(t) + R(t)$ が分かります。物体に働く力を F として、O系で運動方程式が成り立つことから次のようになります。

$$m\frac{d^2 r}{dt^2} = F \quad (3.2.2)$$

$$\Downarrow \quad r(t) = r'(t) + R(t)$$

$$m\frac{d^2 r'}{dt^2} + m\frac{d^2 R}{dt^2} = F \quad (3.2.3)$$

$$\Downarrow \quad \frac{d^2 R}{dt^2} = \frac{d(A_0 t + V_0)}{dt} = A_0$$

$$m\frac{d^2 r'}{dt^2} = F - mA_0 \quad (3.2.4)$$

O′系での運動方程式には、見かけの力 $-mA_0$ が加わっています。この力が慣性力です。

慣性力が質量 m に比例することは興味あることです。慣性力において現れる比例定数である質量 m を**慣性質量**といいます。一方、万有引力に現れる比例定数である質量 m を**重力質量**といいます。慣性質量と重力質量は測定の結

果等しくなります。そして、そのことが、アインシュタインの一般相対性理論につながっています。つまり、重力と慣性力は等価であるという理論につながっています。

例題 3-4

地上に固定した座標系をO系とします。鉛直方向をy方向、進行方向をx方向とし、z方向は考えないことにします。加速度$\boldsymbol{A}_0 = (A_0, 0)$で加速中の電車に固定した座標系をO′系とします。O′系は電車に乗っている人が見た運動を表します。加速度が$2\mathrm{m/s}^2$のときと加速度が$-2\mathrm{m/s}^2$のとき、体重60kgの人に働く慣性力の大きさと向きを求めなさい。

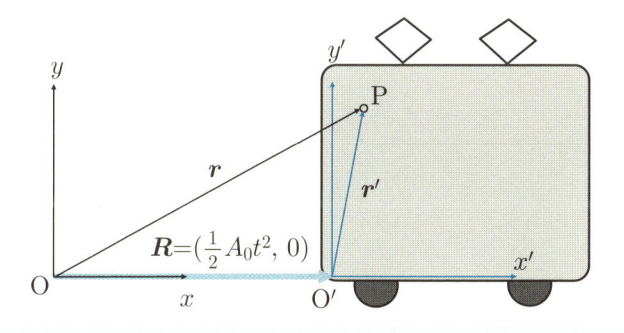

◆図3-2-2 加速する電車

解答

加速度が$2\mathrm{m/s}^2$のとき、慣性力は$-60\mathrm{kg} \times 2\mathrm{m/s}^2 = -120\mathrm{N}$となります。方向は後方で、大きさは120Nです。つまり、電車が急加速すると慣性力は後方に働きます。

加速度が$-2\mathrm{m/s}^2$のとき、慣性力は$60\mathrm{kg} \times 2\mathrm{m/s}^2 = 120\mathrm{N}$となります。方向は前方で、大きさは120Nです。つまり、電車が急減速すると慣性力は前方に働きます。

練習問題 3-1

自由落下するエレベーター（エレベーターを支えるワイヤーが切れた状態）の中では、無重力状態が実現することを示しなさい。鉛直方向をy方向、水平方向をx方向とし、z方向は無視してください。そして、O系を地上に固定した座標系とし、O′系をエレベーターに固定した座標系とし、O点からO′点への位置ベクトルを$\boldsymbol{R}(t) = (0, -\frac{1}{2}gt^2)$としてください。ただし空気抵抗がエレベーターに働かないとします。

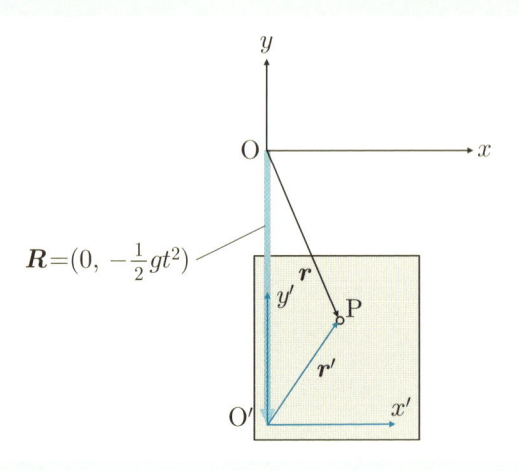

◆図3-2-3　落下するエレベーター

解 答

質量mの物体に、O系では、重力$(0, -mg)$が働きます。O′での運動方程式は次のようになります。

$$m\frac{\mathrm{d}^2 \boldsymbol{r}'}{\mathrm{d}t^2} = \boldsymbol{F}_{重力} - m\frac{\mathrm{d}^2 \boldsymbol{R}}{\mathrm{d}t^2}$$

$$= \underbrace{(0, -mg)}_{重力} - m\underbrace{(0, -g)}_{\frac{\mathrm{d}^2 \boldsymbol{R}}{\mathrm{d}t^2} = (0, -g)} = 0 \quad (3.2.5)$$

O' 系では実質的に力が働かないことになります。無重力です。

ところで、(3.2.5) の計算を見ると、$\dfrac{\mathrm{d}^2 \boldsymbol{R}}{\mathrm{d}t^2} = (0, -g)$ であれば、無重力になります。例えば、ジェット機が空気抵抗のない放物運動[*2]をしたとき、ジェット機の中は無重力になります。これは、宇宙飛行士の訓練にも利用されています。

[*2] 空気抵抗のない放物運動は、物体がある初速で投げ出され重力だけを受けて運動したときの運動です。位置ベクトルを r としたとき、$\dfrac{\mathrm{d}^2 \boldsymbol{r}}{\mathrm{d}t^2} = (0, -g)$ を満たす運動です。実際は空中を飛行しますから、エンジンの力を調整して、放物運動すればよいのです。

3-3 回転運動とコリオリ力

今までは、並進運動を扱ってきました。つまり、座標軸の方向は変化しないとしました。本節では、座標軸の方向が回転する場合を取り扱います。z軸の方向はかわらないとして、z軸の周りの回転を考えます。

O'系がO系（慣性系）に対し、角速度ωで回転するとき、O'系では慣性力として、**遠心力**と**コリオリ力**が働きます。

要点

角速度ωで回転する回転系では、遠心力とコリオリ力が働く。

位置ベクトルの大きさ　位置ベクトルの方向、$\dfrac{r'}{r'}$の大きさは1

$$\boldsymbol{F}'_{遠心力} = mr'\omega^2 \frac{\boldsymbol{r}'}{r'} \quad 大きさは mr'\omega^2 \qquad (3.3.1)$$

角速度の大きさ（ω）

速度ベクトル

$$\boldsymbol{F}'_{コリオリ力} = 2m\boldsymbol{v}' \times \boldsymbol{\omega} \quad 大きさは 2mv'_\perp \omega\ (ただし、v'_\perp は z 軸に垂直な面内の速度の大きさ) \qquad (3.3.2)$$

角速度ベクトルの方向は回転軸の方向です。今の場合、z方向です。大きさがωです

方向は図3-3-1に示してあります。

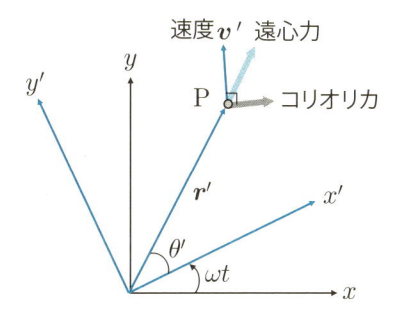

◆図3-3-1　遠心力とコリオリ力の方向

例題 3-5

O′系がO系（慣性系）に対し回転しています。**図3-3-2**を参考にして、x'方向とy'方向の単位ベクトルが次のようになることを示し、O′系で現れる慣性力を求めなさい。

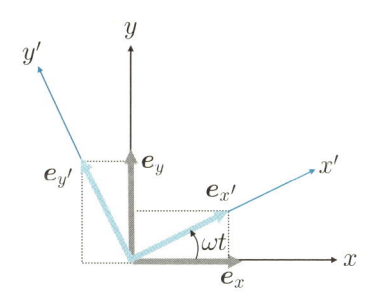

◆図3-3-2　回転座標系の基本ベクトル

$$\boldsymbol{e}'_x = \cos(\omega t)\boldsymbol{e}_x + \sin(\omega t)\boldsymbol{e}_y \quad (3.3.3)$$

$$\boldsymbol{e}'_y = -\sin(\omega t)\boldsymbol{e}_x + \cos(\omega t)\boldsymbol{e}_y \quad (3.3.4)$$

解答

単位ベクトルの大きさが1であることから、**図3-3-2**を見ると、e'_xのx成分は$\cos\omega t$です。y成分は$\sin\omega t$です。一方、e'_yのx成分は$-\sin\omega t$です。y成分は$\cos\omega t$です。これにより、式(3.3.3)と式(3.3.4)は明らかです。

次の**図3-3-3**を見て、点Pの位置$\boldsymbol{r}' = x'\boldsymbol{e}'_x + y'\boldsymbol{e}'_y + z'\boldsymbol{e}'_z$を微分してみましょう。原点からの距離を$r'$とします[*3]。

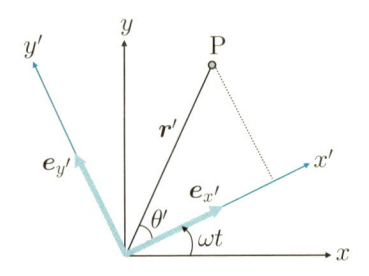

◆図3-3-3 回転座標系での座標

原点が一致しているから、$\boldsymbol{r}' = \boldsymbol{r}$

$$\frac{d^2 \boldsymbol{r}'}{dt^2} = \frac{d^2}{dt^2}\left(x'\boldsymbol{e}'_x + y'\boldsymbol{e}'_y + z'\boldsymbol{e}'_z\right)$$

式(3.3.3)を微分して、式(3.3.4)を使うと、
$$\frac{d\boldsymbol{e}'_x}{dt} = -\omega\sin(\omega t)\boldsymbol{e}_x + \omega\cos(\omega t)\boldsymbol{e}_y = \omega\boldsymbol{e}'_y$$

$$= \frac{d}{dt}\left\{\left(\frac{dx'}{dt}\boldsymbol{e}'_x + x'\omega\boldsymbol{e}'_y\right) + \left(\frac{dy'}{dt}\boldsymbol{e}'_y + y'(-\omega\boldsymbol{e}'_x)\right)\right.$$

式(3.3.4)を微分して、式(3.3.3)を使うと、
$$\frac{d\boldsymbol{e}'_y}{dt} = -\omega\cos(\omega t)\boldsymbol{e}_x - \omega\sin(\omega t)\boldsymbol{e}_y = -\omega\boldsymbol{e}'_x$$

$$\left. + \left(\frac{dz'}{dt}\boldsymbol{e}'_z + 0\right)\right\} \quad \cdots\boldsymbol{e}'_z\text{は一定だから、微分した項はゼロ}$$

[*3] O'系での長さとしてプライムをつけてありますが、O系での長さも同じです。原点と点Pを結ぶ位置ベクトルも、原点が同じ位置ですから、両系で同じになります。すなわち、$\boldsymbol{r}' = \boldsymbol{r}$です。

$$
\begin{aligned}
&= \left(\frac{\mathrm{d}^2 x'}{\mathrm{d}t^2} \bm{e}'_x + \overbrace{2\omega \frac{\mathrm{d}x'}{\mathrm{d}t} \bm{e}'_y}^{\substack{\frac{\mathrm{d}x'}{\mathrm{d}t}\bm{e}'_x\text{の}\bm{e}'_x\text{を微分した項と、}\\ x'\omega\bm{e}'_y\text{の}x'\text{を微分した項の和}}} - \underbrace{x'\omega^2 \bm{e}'_x}_{x'\omega\bm{e}'_y\text{の}\bm{e}'_y\text{を微分した項}} \right) \\
&\quad + \left(\frac{\mathrm{d}^2 y'}{\mathrm{d}t^2} \bm{e}'_y - \overbrace{2\omega \frac{\mathrm{d}y'}{\mathrm{d}t} \bm{e}'_x}^{\substack{\frac{\mathrm{d}y'}{\mathrm{d}t}\bm{e}'_y\text{の}\bm{e}'_y\text{を微分した項と、}y'(-\omega\bm{e}'_x)\\ \text{の}y'\text{を微分した項の和}}} - \underbrace{y'\omega^2 \bm{e}'_y}_{y'(-\omega\bm{e}'_x)\text{の}\bm{e}'_x\text{を微分した項}} \right) + \left(\frac{\mathrm{d}^2 z'}{\mathrm{d}t^2} \bm{e}'_z \right) \\
&= \left(\frac{\mathrm{d}^2 x'}{\mathrm{d}t^2} - 2\omega \frac{\mathrm{d}y'}{\mathrm{d}t} - x'\omega^2 \right) \bm{e}'_x \\
&\quad + \left(\frac{\mathrm{d}^2 y'}{\mathrm{d}t^2} + 2\omega \frac{\mathrm{d}x'}{\mathrm{d}t} - y'\omega^2 \right) \bm{e}'_y + \left(\frac{\mathrm{d}^2 z'}{\mathrm{d}t^2} \right) \bm{e}'_z \quad (3.3.5)
\end{aligned}
$$

ここで、$\bm{F} = F'_x \bm{e}'_x + F'_y \bm{e}'_y$ とし、$m\dfrac{\mathrm{d}^2 \bm{r}'}{\mathrm{d}t^2} = \bm{F}$ ということを使うと、O' 系での運動方程式は次のようになります。

$$
m\frac{\mathrm{d}^2 x'}{\mathrm{d}t^2} = F'_x + \overbrace{2m\omega \frac{\mathrm{d}y'}{\mathrm{d}t}}^{\text{コリオリ力}} + \overbrace{mx'\omega^2}^{\text{遠心力}} \quad (3.3.6)
$$

$$
m\frac{\mathrm{d}^2 y'}{\mathrm{d}t^2} = F'_y - \overbrace{2m\omega \frac{\mathrm{d}x'}{\mathrm{d}t}}^{\text{コリオリ力}} + \overbrace{my'\omega^2}^{\text{遠心力}} \quad (3.3.7)
$$

ここで、$v' = v'_x\, e'_x + v'_y\, e'_y$ とおくと[*4]、遠心力 $F'_{遠心力}$ とコリオリ力 $F'_{コリオリ力}$ を次のように表すこともできます。

> ベクトル $\dfrac{r'}{r'}$ の x 成分と y 成分は、$\dfrac{x'}{r'}$ と $\dfrac{y'}{r'}$

$$F'_{遠心力} = mr'\omega^2 \frac{r'}{r'} \tag{3.3.8}$$

$$F'_{コリオリ力} = 2m\, v' \times \boldsymbol{\omega} \tag{3.3.9}$$

> $\boldsymbol{\omega}$ は z 方向だから、$v' \times \boldsymbol{\omega} = (v'_y \omega, -v'_x \omega, 0)$

こうして、要点に示した遠心力とコリオリ力の式を確かめることができました。

遠心力とコリオリ力は円運動で現れる慣性力です。ですから、(大きさは小さいとはいえ) 地球上で観測されます。この章の残りの部分でその例を学びましょう。

例題 3-6

遠心力は、身近なところに現れますから、知っている人も多いと思います。カーブを曲がるとき、外側に働く力が遠心力ですし、新聞を見ると、ウランの濃縮に遠心分離機が使われるという記事が目に付きます。脱水機も遠心力を利用しています。脱水機の回転数を $\dfrac{1}{2}$ にするためには、脱水槽の半径 R を何倍にすればよいでしょう。

[*4] 原点が一致しているので、速度ベクトル自体はどちらの座標系でも同じですが、成分は異なります。

解答

遠心力の大きさは $mr'\omega^2$ に比例します。脱水槽の壁に張り付いた衣服の水に単位質量当たり同じ大きさの遠心力が働けばよいのです。脱水槽の壁に張り付いているとして、$r' = R$ としてよいでしょう。脱水機の回転数 ω を $\frac{1}{2}$ にするためには、脱水槽の半径 R を4倍にすればよいことになります。

例題 3-7

コリオリ力の例としては、有名なフーコーの振り子があります。振り子の支点が自由に回転でき、そのため、振り子の振動面が自由に回転できるようになっています。通常は支点の抵抗や空気抵抗を減らすため、長く重い振り子を用意します。運動方程式を解くと、鉛直な振り子の振動面は変化しません。振動面に垂直な力が働かないからです。

しかし、見かけ上、振り子の振動面はゆっくり回転するのです。ここでは、簡単のため、北極で実験しているとしましょう。地球は自転しています。自転していない慣性系をO系とし、地球をO'系としましょう。振り子の面が、最初、東経0度と東経180度の地点を結ぶ方向を向いていたとします。6時間後にO系で観測すると、振り子の面は動いていません。しかし、地球は回転します。振り子の面は、もはや、東経0度と東経180度の地点を結ぶ方向を向いていません。西経90度と東経90度の地点を結ぶ方向を向いています。地球に対し、相対的に、振り子の面は回転します。

それでは、O'系で観測したとき、振り子の面が回転する理由はなぜでしょう。これが本例題の問題です。説明してください。

解答

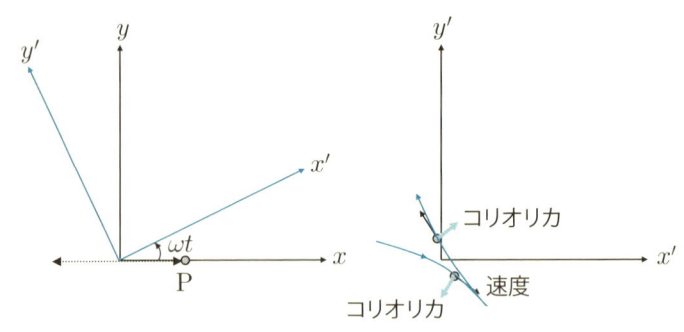

◆図3-3-4　フーコーの振り子

　図3-3-4の左図は、O系で観測したとき振り子の面（点線両矢印）は動かず、O′系が回転している図です。

　図3-3-4の右図はO′系で観測した図です。青く細い曲線の矢印は、振り子の錘が動く軌道ですが、振り子の面が回転することを表すため、曲がっていることを強調して描いてあります。細い黒い矢印は錘の速度の方向です。要点にしたがって、コリオリ力の方向を計算すると、青く太い矢印の方向になります。速度の向きが異なると、コリオリ力の方向も変わります。その結果、軌道の向き（振り子の面の向き）は次第に変化します。

　つまり、地球で観測すると、コリオリ力のために、振り子の面が次第に回転します。フーコーの振り子は博物館などで置いてあることがあります。なお、コリオリ力は、緯度により異なり、フーコーの振り子の回転も赤道上でゼロになります。

練習問題 3-2

カーブではカーブ外側のレールを高くし電車が傾くようになっています。重力と遠心力の合力が2本のレールを結ぶ線に垂直になるようにしてあります[*5]。電車の質量を m とし、電車の速度を v とし、カーブを半径 R の円としたとき傾きをいくらにしたら良いでしょう。ただし、速度が v のとき、遠心力と重力の合力が2本のレールを結ぶ線に垂直になるように傾き θ を決めてください。

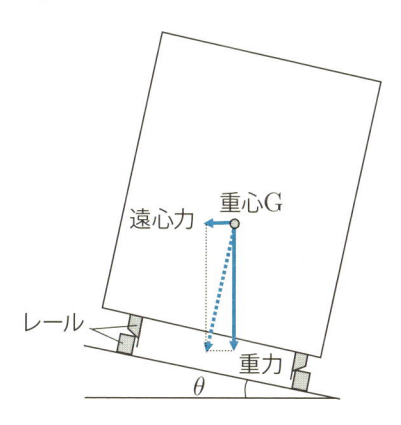

◆図3-3-5　カーブにおける線路の傾き

解答

図を見ると分かるように、重力 $mg\tan\theta$ が遠心力 $mR\omega^2$ になれば良いですから、次のようになります。

$$\tan\theta = \frac{v^2}{gR} \qquad (3.3.10)$$

電車は半径 R の軌道を速度 v で動きますから、$\omega = \dfrac{v}{R}$ の角速度の回転運動になります。$mg\tan\theta = mR\omega^2$ に、$\omega = \dfrac{v}{R}$ を代入します

[*5] 重力も遠心力も、第4章で学ぶ、重心に働きます。

> **練習問題 3-3**
>
> 物騒な例ですが長距離大砲の弾丸も、コリオリ力の影響を受けます。北極で大砲を発射したとして、コリオリ力の向きを図示して、弾丸が左右どちらにずれるか答えてください。

解答

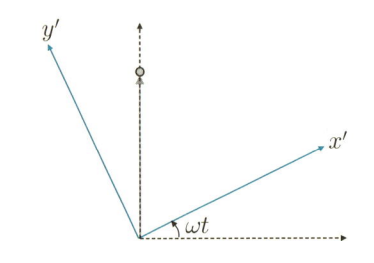

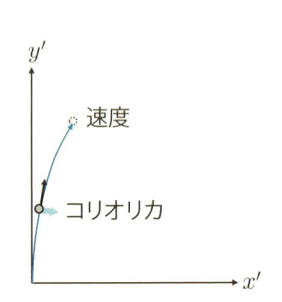

◆図3-3-6　大砲の弾道

　自転していない慣性系をO系とし、地球をO′系としましょう。**図3-3-6**の左図は、O系で観測した図です。弾丸はまっすぐ飛び（太い点線の矢印）、地球が回転しています。弾丸は、狙ったところより右の地点に落下します。狙った地点が左に動くためです。

　図3-3-6の右図は、O′系で観測した図です。曲線の矢印が、曲がりを強調した弾丸の軌道です。速度の向きから計算したコリオリ力の方向が図示してあります[*6]。やはり、最初狙った地点より、右に落下します。なお、コリオリ力は緯度に依存しますから、弾丸の着地点のずれも緯度に依存します。

[*6] 角速度ベクトルωはz方向です。

第4章

剛体の運動

大きさを持ち変形しない物体、すなわち、剛体の回転運動を扱います。
重心、慣性モーメントなどを充分理解して、回転運動を学んでください。

4-1 重心

剛体（大きさを持ち変形しない物体）を取り扱いましょう。よく知っているように、重心を支えると、常に剛体はつりあいます。実は、重心を原点としたときの重力の力のモーメントがゼロになる点を重心というからです。重心は要点のように定義されます。

要点

(1) 重心の定義

重心↓　　　i番目の点の質量↓　　　i番目の点の位置↘

$$R = \frac{\sum_{i=1}^{N} m_i \boldsymbol{r}_i}{\sum_{i=1}^{N} m_i} = \frac{1}{M} \sum_{i=1}^{N} m_i \boldsymbol{r}_i \tag{4.1.1}$$

ベクトルr_iの代わりに、x成分x_iを代入すると、ベクトルRの代わりに、重心のx成分Xが得られます

微小部分の質量↓

$$= \frac{\int \boldsymbol{r}\, \rho\, dV}{\int \rho\, dV} = \frac{1}{M} \int \boldsymbol{r} \rho\, dV \tag{4.1.2}$$

密度　体積分　全質量

(2) 剛体各部に働く重力は、重心に合力 Mg が働くとしてよい

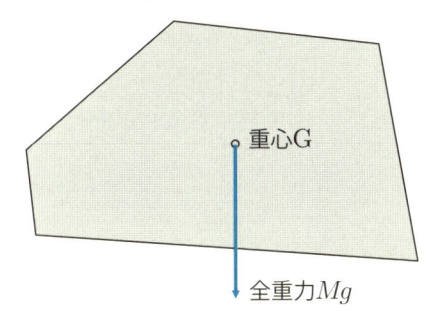

◆図4-1-1　重力の和が重心に働く

例題 4-1

簡単のため、2次元を考えましょう。点が三つの場合、重心の位置 (X, Y) はいくらになるでしょう。次に、重力の力のモーメントは、合力 (Mg) が重心に働く場合と同じであることを示しなさい。ただし、y 軸を鉛直方向とし、三つの点の質量と座標を、m_1, m_2, m_3, (x_1, y_1), (x_2, y_2), (x_3, y_3) とします。

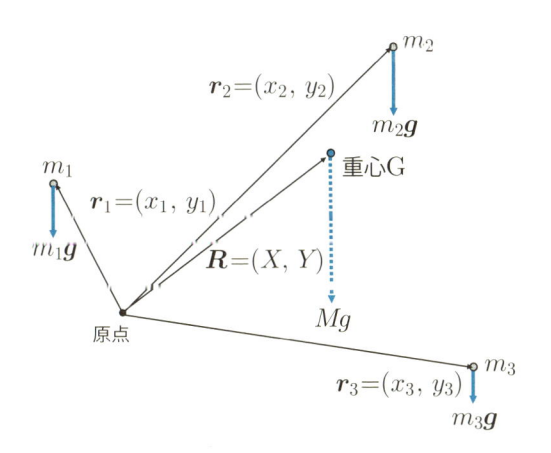

◆図4-1-2　三つの質点の重心

解答

要点の公式より次式が得られます。

$$X = \frac{m_1 x_1 + m_2 x_2 + m_3 x_3}{m_1 + m_2 + m_3} \quad (4.1.3)$$

$$Y = \frac{m_1 y_1 + m_2 y_2 + m_3 y_3}{m_1 + m_2 + m_3} \quad (4.1.4)$$

三つの点に働く重力の力のモーメントは、z方向を向き、大きさは次のようになります。

$$N_z = m_1 g x_1 + m_2 g x_2 + m_3 g x_3 = MgX \quad (4.1.5)$$

$$\begin{aligned}
\boldsymbol{r}_1 \times \boldsymbol{F}_1 &= (x_1 \boldsymbol{e}_x + y_1 \boldsymbol{e}_y) \times (-m_1 g \boldsymbol{e}_y) \\
&= -x_1 m_1 g \boldsymbol{e}_x \times \boldsymbol{e}_y + y_1 \boldsymbol{e}_y \times \boldsymbol{e}_y \\
&= -x_1 m_1 g \boldsymbol{e}_z + 0
\end{aligned}$$

この結果は、全重力Mgが重心(X, Y)に働いたときの力のモーメントと同じになります。

3つの質量m_1, m_2, m_3が等しい場合、数学で学んだ三角形の重心を与えます。

例題 4-2

辺の長さが$2a$と$2b$である長方形の板を図4-1-3のようにおきました。重心の位置を求めなさい。ただし、厚さが無視できる板の場合、体積積分はxとyでの積分にすることができます。

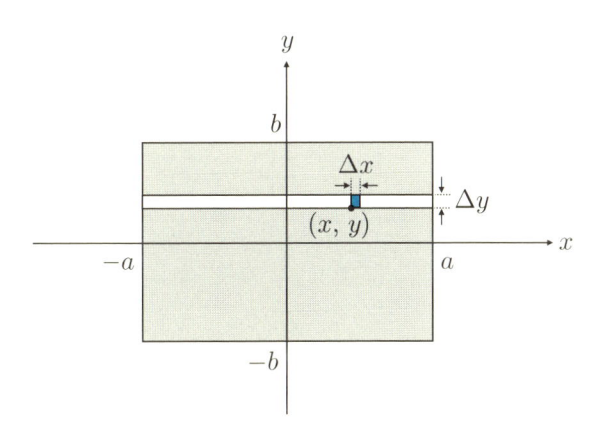

◆図4-1-3　長方形の重心

解答

要点の公式の体積積分をx-yでの積分にして、重心の座標XとYは次のようになります。

yの上限はb　　xの上限はa　　　　　　　　　　xの不定積分

$$X = \frac{1}{M}\int_{-b}^{b}\int_{-a}^{a} x \underbrace{\frac{M}{4ab}}_{\text{密度}} \,\mathrm{d}x\,\mathrm{d}y = \frac{1}{M}\frac{M}{4ab}\int_{-b}^{b}\left[\frac{x^2}{2}\right]_{-a}^{a}\mathrm{d}y$$

yの下限は$-b$

$$= \frac{1}{M}\frac{M}{4ab}\int_{-b}^{b} 0\,\mathrm{d}y = 0 \quad (4.1.6)$$

上限と下限を代入すると0

$$Y = \frac{1}{M}\int_{-b}^{b}\int_{-a}^{a} y \frac{M}{4ab} \,\mathrm{d}x\,\mathrm{d}y = \frac{1}{M}\frac{M}{4ab}\int_{-b}^{b}\left[x\right]_{-a}^{a} y\,\mathrm{d}y$$

$$= \frac{1}{M}\frac{M}{4ab}\int_{-b}^{b} 2a\,y\,\mathrm{d}y = \frac{1}{M}\frac{M}{2b}\left[\frac{y^2}{2}\right]_{-b}^{b} = 0 \quad (4.1.7)$$

重心の位置が$(0, 0)$ということは四角形の中心が重心だという当たり前のような結果です。

例題 4-3

半径Rの円板の中心を原点にして、x-y面内に置きます。重心の位置を求めなさい。ただし、極座標を使って、積分してください。

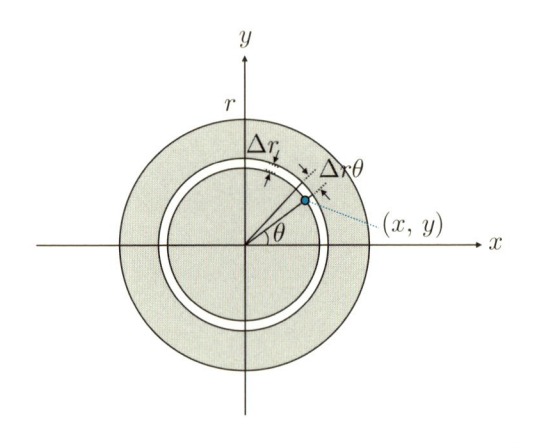

◆図4-1-4 円板の重心

解答

極座標での微小面積は$r\mathrm{d}\theta \mathrm{d}r$になり、重心の座標$X$と$Y$は次のようになります。

$$X = \frac{1}{M}\int_0^R \int_0^{2\pi} r\cos\theta \frac{M}{\pi R^2} r\,\mathrm{d}\theta\,\mathrm{d}r = \frac{1}{M}\frac{M}{\pi R^2}\int_0^R \left[\sin\theta\right]_0^{2\pi} r^2\,\mathrm{d}r = \frac{1}{M}\frac{M}{\pi R^2}\int_0^R 0\,r^2\,\mathrm{d}r = 0 \quad (4.1.8)$$

(rの上限はR、θは0から2π、rの下限は0、x、密度、$\cos\theta$の不定積分、上限と下限を代入すると0)

$$Y = \frac{1}{M}\int_0^R \int_0^{2\pi} r\sin\theta \frac{M}{\pi R^2} r\,d\theta\,dr = \frac{1}{M}\frac{M}{\pi R^2}\int_0^R \Big[-\cos\theta\Big]_0^{2\pi} r^2\,dr$$

$$= \frac{1}{M}\frac{M}{\pi R^2}\int_0^R 0\,r^2\,dr = 0 \tag{4.1.9}$$

重心の位置が$(0, 0)$ということは中心が重心だという当たり前のような結果です。

練習問題 4-1

半径Rの円板の中心を原点にして、x-y面内に置きます。$(\frac{R}{2}, 0)$を中心とした半径$\frac{R}{2}$の円を切り取った図4-1-5のような板の重心の位置を求めなさい。ただし、半径Rの円板での積分から半径$\frac{R}{2}$の円板での積分を引いてください。

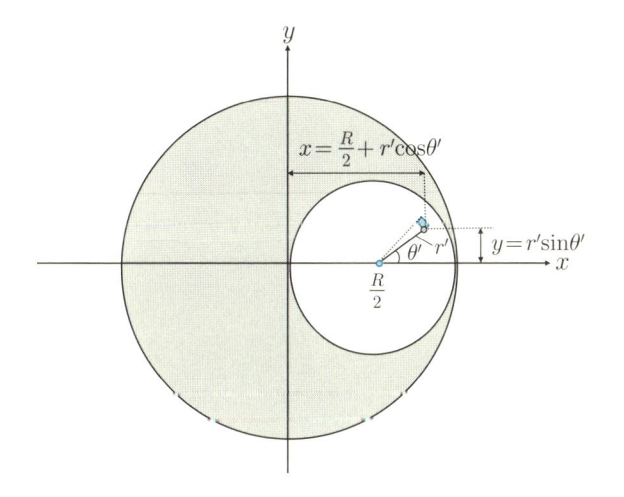

◆図4-1-5 円板に穴が開いている

解 答

ヒントを使って、例題4-3の方法を応用すると重心の座標XとYは次のようになります。なお、r'とθ'は点$(\frac{R}{2}, 0)$を中心とする極座標です。

質量は$M-\frac{M}{4}$

$$X = \frac{1}{\left(\frac{3M}{4}\right)} \left\{ \int_0^R \int_0^{2\pi} r\cos\theta \, \frac{M}{\pi R^2} \, r \, d\theta \, dr \right.$$
$$\left. - \int_0^{\frac{R}{2}} \int_0^{2\pi} \left(\frac{R}{2} + r'\cos\theta'\right) \frac{M}{\pi R^2} \, r' \, d\theta' \, dr' \right\}$$

微小部分は$x=\frac{R}{2}$からx方向へ$r'\cos\theta'$の点

$$= 0 - \frac{4}{3M} \int_0^{\frac{R}{2}} \int_0^{2\pi} \left(\frac{R}{2}\right) \frac{M}{\pi R^2} \, r' \, d\theta' \, dr'$$

第1項は例題4-3により0

$$- \frac{4}{3M} \int_0^{\frac{R}{2}} \int_0^{2\pi} (r'\cos\theta') \frac{M}{\pi R^2} \, r' \, d\theta' \, dr'$$

変数をrとθに置き換えることにより、0であることがわかる

$$= 0 - \frac{4}{3M} \int_0^{\frac{R}{2}} 2\pi \frac{R}{2} \frac{M}{\pi R^2} \, r' \, dr' - 0$$

$$= -\frac{4}{3M} 2\pi \frac{R}{2} \frac{M}{\pi R^2} \frac{\left(\frac{R}{2}\right)^2}{2} = -\frac{R}{6} \quad (4.1.10)$$

$$Y = \frac{1}{\left(\frac{3M}{4}\right)} \left\{ \int_0^R \int_0^{2\pi} r\sin\theta \, \frac{M}{\pi R^2} \, r \, d\theta \, dr \right.$$

例題4-3より、第1項も第2項も0になることがわかる

$$\left. - \int_0^{\frac{R}{2}} \int_0^{2\pi} r'\sin\theta' \, \frac{M}{\pi R^2} \, r' \, d\theta' \, dr' \right\} = 0 \quad (4.1.11)$$

もっと簡単に計算することもできます。それが別解です。

別解

一つの点が質量 M で $(0,\ 0)$ にあり[*1]、もうひとつの点が質量 $-\frac{M}{4}$ で $(\frac{R}{2},\ 0)$ にある[*2]として計算すると次のようになります。

$$X = \frac{0 \times M + \frac{R}{2} \times \overbrace{(-\frac{M}{4})}^{\text{点2の質量}}}{M + (-\frac{M}{4})} = -\frac{R}{6} \quad (4.1.12)$$

$$Y = \frac{0 \times M + 0 \times (-\frac{M}{4})}{M + (-\frac{M}{4})} = 0 \quad (4.1.13)$$

同じ結果が得られました。

[*1] 質量 M の円板の重心が $(0,\ 0)$ です。
[*2] 質量 $\frac{M}{4}$ の円板を取り去るので、質量 $-\frac{M}{4}$ の円板があり、重心が $(\frac{R}{2},\ 0)$ にあると考えます。

4-2 慣性モーメント

回転運動において、「質量」の役割を担うものが**慣性モーメント** I です。「速度」の役割を担うものが**角速度** ω であり、「力」の役割を担うものが**力のモーメント** N です。その結果、$I\dfrac{d\omega}{dt} = N$ という関係が成り立つことを後に学びます。

本節では慣性モーメントを学びます。特に断らない限り、回転軸を z 軸とし、平面状の物体は x-y 面内におきます。z 軸周りの慣性モーメント I_z に関し、次の要点にまとめました。

要点1
(1) 慣性モーメントの定義

z 軸周りの慣性モーメント ↓   円柱座標 (r, θ, z) の r (z 軸に下ろした垂線の長さです。原点からの距離ではありません) ↓

$$I_z = \sum_{i=1}^{N} m_i r_i^2 = \sum_{i=1}^{N} m_i (x_i^2 + y_i^2) \quad (4.2.1)$$

微小部分の質量 ↓

$$= \int r^2 \rho\, dV = \int (x^2 + y^2)\, \rho\, dV \quad (4.2.2)$$

↑ 円柱座標の r ↑ 密度

(2) 代表的な例

$$I_z^{\text{棒}} = \frac{Ma^2}{12} \quad \cdots \text{長さ } a \text{ の棒} \quad (4.2.3)$$

$$I_z^{\text{長方形}} = \frac{M(a^2+b^2)}{12} \quad \cdots \text{辺が } a, b \text{ である長方形} \quad (4.2.4)$$

$$I_z^{円板} = \frac{MR^2}{2} \quad \cdots 半径Rの円板 \quad (4.2.5)$$

$$I_z^{球} = \frac{2MR^2}{5} \quad \cdots 半径Rの球 \quad (4.2.6)$$

例題 4-4

重さのない長さ R の棒の一端が原点に固定され、x-y 面内で自由に回転できるようになっています。他端に質量 m の点がついています。慣性モーメントを求めなさい。次に、質量 m の点に働く力の軌道方向成分を F_s として、式 (2.1.17) に相当する運動方程式を求めなさい。ただし、回転の角速度を ω としなさい。

解答

公式 (4.2.1) より、$I_z = mR^2$ です。式 (2.1.17) に相当する運動方程式は次のようになります。

> 円軌道を動く速度の大きさは $R\omega$ です

$$m\frac{d(R\omega)}{dt} = F_s \quad (4.2.7)$$

z 方向の角運動量が $\ell_z = R(mv) = mR^2\omega$ であり、力のモーメントが $N_z = RF_s$ であることを使うと、両辺に R をかけて、式 (4.2.7) は、$I_z \frac{d\omega}{dt} = N_z$ となります。つまり、回転運動において、「質量」の役割を担うものが慣性モーメント I で、「速度」の役割を担うものが角速度 ω で、「力」の役割を担うものが力のモーメント N であることがわかります。

慣性モーメントは、角速度に対する「慣性」であり、質量に比例し長さの二乗に比例します。比例定数の値は形に依存しています。以下の問題で、それを求めていきましょう。

例題 4-5

長さ $2a$、質量 M の棒が**図4-2-1**のように置かれています。慣性モーメントを求めなさい。

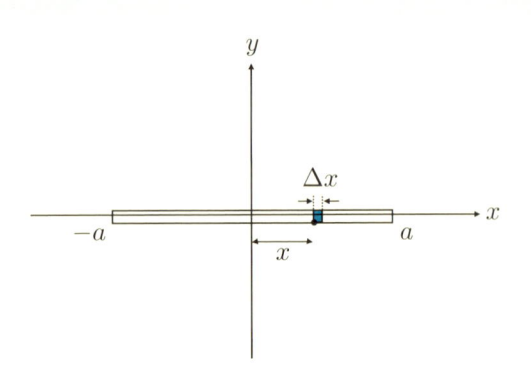

◆図4-2-1 棒の慣性モーメント

解答

体積積分を x での積分にして、公式（4.2.2）を使い次のようになります。

密度 ↓

$$I_z = \int_{-a}^{a} x^2 \frac{M}{2a} \, \mathrm{d}x = \frac{M}{2a} \left[\frac{x^3}{3} \right]_{-a}^{a} = \frac{Ma^2}{3} \quad (4.2.8)$$

要点の代表例と異なるのは、長さが $2a$ だからです。長さの二乗に比例します。

例題 4-6

辺の長さ $2a$ と $2b$、質量 M の長方形の板が**図4-2-2**のように置かれています。慣性モーメントを求めなさい。

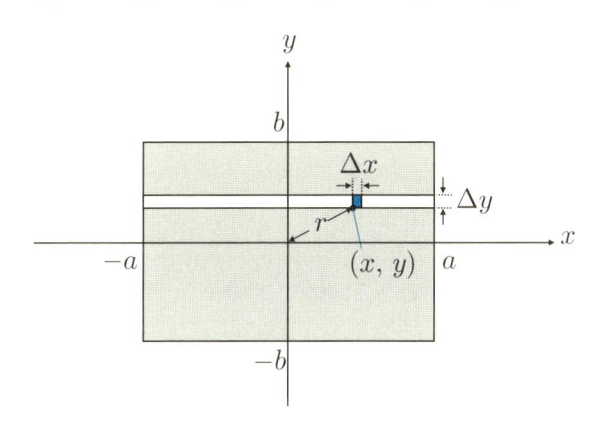

◆図4-2-2 長方形の慣性モーメント

解答

体積積分を x, y での積分にして、公式 (4.2.2) を使い次のようになります。

$$I_z = \int_{-b}^{b} \int_{-a}^{a} (x^2 + y^2) \frac{M}{4ab} \, dx \, dy = \int_{-b}^{b} \frac{M}{4ab} \left[\frac{x^3}{3} + xy^2 \right]_{-a}^{a} dy$$

（密度 ↓、x^2+y^2 の不定積分 ↓）

$$= \int_{-b}^{b} \frac{M}{4ab} \left(\frac{2a^3}{3} + 2ay^2 \right) dy = \frac{M}{4ab} \left[\frac{2a^3}{3} y + 2a \frac{y^3}{3} \right]_{-b}^{b}$$

$$= \frac{M(a^2 + b^2)}{3} \qquad (4.2.9)$$

要点の代表例と異なるのは、辺の長さが $2a$ と $2b$ だからです。

例題 4-7

半径 R の円板を、中心を原点にして x-y 面内に置きます。極座標を使って、慣性モーメント I_z を計算しなさい。

解答

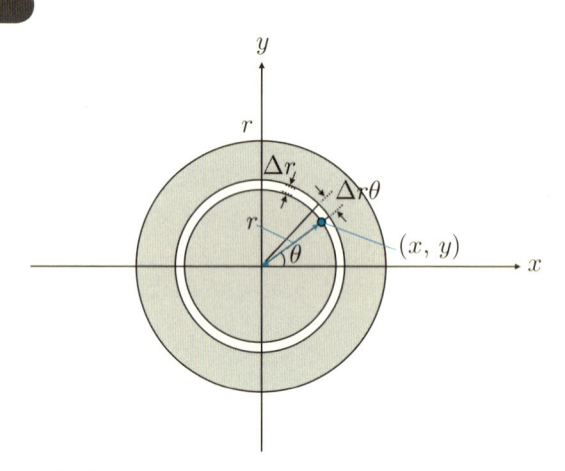

◆図4-2-3 円板の慣性モーメント

体積積分を r, θ での積分にして、公式 (4.2.2) を使い次のようになります。

$$I_z = \int_0^R \int_0^{2\pi} r^2 \frac{M}{\pi R^2} r \, d\theta \, dr = \frac{M}{\pi R^2} \int_0^R \left[\theta \right]_0^{2\pi} r^3 \, dr$$

（密度／微小面積／1の不定積分）

$$= \frac{M}{\pi R^2} \int_0^R 2\pi r^3 \, dr = \frac{2M}{R^2} \left[\frac{r^4}{4} \right]_0^R = \frac{MR^2}{2} \qquad (4.2.10)$$

練習問題 4-2

半径 R の球の慣性モーメントを求めなさい。ただし、z 軸に垂直な平面で、薄い円板にカットし、円板の慣性モーメントを足し合わせて（実際は積分）計算してください。円板の慣性モーメントの公式を使い、図 4-2-4 を参照してください。

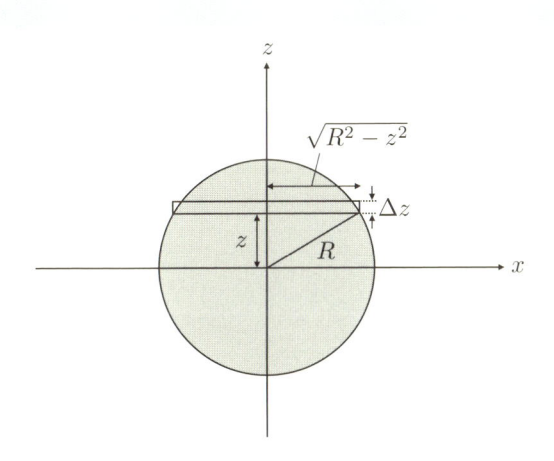

◆図4-2-4 球の慣性モーメント

解答

図を見てください。z の位置で、微小厚さ Δz の円板を考えると、半径は $\sqrt{R^2 - z^2}$ となり、微小円板の質量は $\dfrac{M}{\left(\frac{4\pi R^3}{3}\right)} \pi (R^2 - z^2) \Delta z$ となります。無限小の厚さにして $-R$ から R まで足し合わせると、次の式が得られます。

質量を球の体積 $\frac{4\pi R^3}{3}$ で割った密度

円板の慣性モーメントの公式 $\dfrac{(質量)\times(半径)^2}{2}$ を使います

$$I_z = \int_{-R}^{R} \frac{M}{\left(\frac{4\pi R^3}{3}\right)} \pi (R^2 - z^2) \frac{(R^2 - z^2)}{2} \, dz$$

微小円板の面積　　微小円板の高さ

$$= \frac{3M}{8R^3}\int_{-R}^{R}(R^4-2R^2z^2+z^4)\,dz = \frac{3M}{8R^3}\left[R^4z-2R^2\frac{z^3}{3}+\frac{z^5}{5}\right]_{-R}^{R}$$

$$= \frac{3M}{8R^3}\left(2R^5-\frac{4}{3}R^5+\frac{2}{5}R^5\right) = \frac{2}{5}MR^2 \qquad (4.2.11)$$

今までは、いつも決まった回転軸に関して慣性モーメントを計算しました。異なる回転軸に関する慣性モーメントはどう計算するのでしょう。回転軸を変えたりする場合に有効な公式があります。

要点2

慣性モーメントを計算する便利な定理

(1) 平行軸の定理

重心を通る z 軸に平行な軸の周りの慣性モーメント
↓
$I_z = I_G + Mh^2$ … z 軸回りの慣性モーメントを、重心を通る平行軸の周りの慣性モーメントで表す
↑
二つの軸の間の距離
$(4.2.12)$

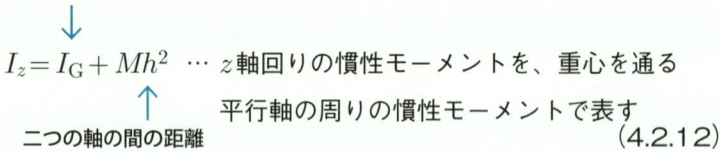

(2) 平板の定理

z 軸回りの慣性モーメント
↓
$I_z = I_x + I_y$ … 板を x-y 面内に置く $(4.2.13)$
↑
x 軸回りの慣性モーメント

例題 4-8

次の問に答えなさい。

(1) ある立体の z 軸周りの慣性モーメントを I_z とします。z 軸と平行で重心を通る軸の周りの慣性モーメント I_G を求めなさい。重心を通る軸は z 軸から h 離れているとします。

(2) 板状の物体を x-y 平面内に置きました。z 軸周りの慣性モーメント I_z と x 軸周りの慣性モーメント I_x と y 軸周りの慣性モーメント I_y の関係を求めなさい。

解 答

(1) 重心の座標を (X, Y, Z) とし、微小部分の座標を (x, y, z) とします。これらの点を x-y 面内に投影した図が**図4-2-5**です。

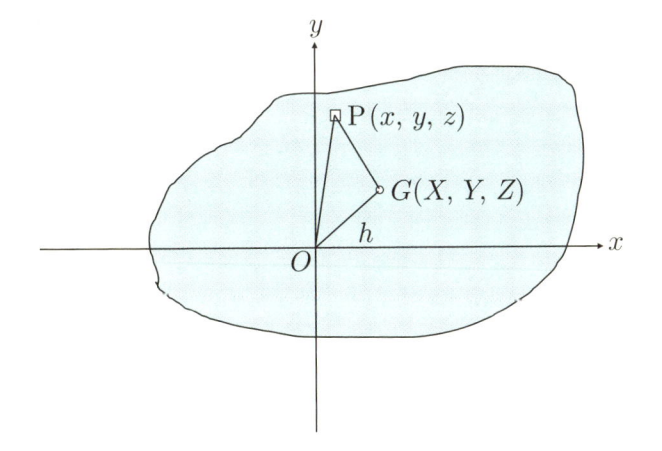

◆図4-2-5　平行軸の定理

すぐわかるように、$h = \sqrt{X^2 + Y^2}$ です[*3]。ここで、重心系で見た点Pの座標を (x', y', z') とします。$x' = x - X$, $y' = y - Y$ です[*4]。I_G と I_z は次のようになります。

[*3] h は軸間の水平距離ですから、Z は関係ありません。
[*4] 軸からの距離が必要ですから、$z' = z - Z$ は必要ありません。

> **定　義**

$$I_z = \int \{x^2 + y^2\} \rho \, dV$$

$x = x' + X \qquad y = y' + Y$
↓↓

$$= \int \{(x'+X)^2 + (y'+Y)^2\} \rho \, dV$$

$$= \int \{(x')^2 + 2x'X + X^2 + (y')^2 + 2y'Y + Y^2\} \rho \, dV$$

　　　　I_G　　　　　　　　　0　　　　　　　(X^2+Y^2)をくくり出すと、
　　　　　　　　　　　　　　　　　　　　　　　　残りはMになる
　　　　↓　　　　　　　　　　↓　　　　　　　　　　↓

$$= \int \{(x')^2 + (y')^2\} \rho \, dV + 2\int (x'X + y'Y) \rho \, dV + \int (X^2+Y^2) \rho \, dV$$

> $$2\int (x'X + y'Y) \rho \, dV = 2X \int x' \rho \, dV + 2Y \int y' \rho \, dV$$
>
> 例えば、$\int x' \rho \, dV$をMで割ると、重心のx'座標、
> ただし、重心を原点としているから、0

$$= I_G + Mh^2 \tag{4.2.14}$$

(2) 図4-2-6に示したように、x軸までの距離の2乗とy軸までの距離の2乗の和がz軸までの距離の2乗になります。だから、定義に従い、I_x, I_y, I_zは次のようになります。

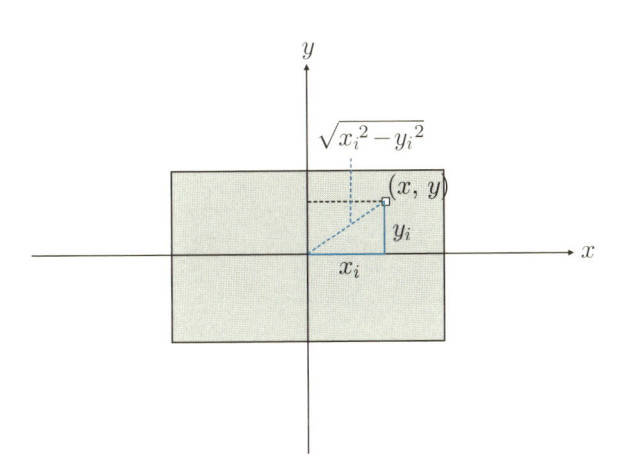

◆図4-2-6　平板の定理

$$I_z = \int \{x^2 + y^2\} \rho \, dx \, dy \tag{4.2.15}$$

> $z=0$ だから z^2 の項はない

$$I_x = \int \{y^2\} \rho \, dx \, dy \tag{4.2.16}$$

$$I_y = \int \{x^2\} \rho \, dx \, dy \tag{4.2.17}$$

明らかに、$I_z = I_x + I_y$ です。

例題 4-9

辺の長さが a, b である長方形があります。頂点を原点にして、x-y 面内に置かれています。慣性モーメント I_z を求めなさい。

解答

重心の周りの慣性モーメント I_G は式 (4.2.4) の I_z ですから、$I_G = \dfrac{M(a^2+b^2)}{12}$ です。式 (4.2.12) を使うと次のようになります。

$$I_z = I_G + Mh^2 = \frac{M(a^2+b^2)}{12} + M\left\{\left(\frac{a}{2}\right)^2 + \left(\frac{b}{2}\right)^2\right\}$$

$$= \frac{M(a^2+b^2)}{3} \tag{4.2.18}$$

ここで、I_G ↓ は重心の周りの慣性モーメント、z 軸と重心を通る軸の距離 h です。

練習問題 4-3

半径 R の円板を、中心を原点として、x-y 面内に置きました。x 軸周りの慣性モーメント I_x を求めなさい。

解答

円の対称性から、$I_x = I_y$ です。一方、式 (4.2.13) より、$I_z = I_x + I_y$ です。明らかに、$I_x = I_y = \dfrac{I_z}{2} = \dfrac{MR^2}{4}$ となります。

4-3 回転運動（固定軸）

固定軸の周りの回転は、軸の周りの回転の角速度ωで表されます。角速度の時間変化は要点のようになります。

要点

固定軸をz軸とした回転の運動方程式

力のモーメントのz成分の和
$$I_z \frac{d\omega}{dt} = N_z \tag{4.3.1}$$

(x_0, y_0)に働く外力の回転方向の成分をF_sとすると、$\sqrt{x_0^2 + y_0^2}\,F_s$

例題 4-10

式 (2.5.2)、式 (2.5.3)、式 (2.5.4) を参考にして、図4-3-1のような力が働いているとき、$I_z \frac{d\omega}{dt} = \sqrt{x_0^2 + y_0^2}\,F_s$を導きなさい。ただし、$z$軸周りを回転する剛体の微小部分$(x, y)$の速度は、ベクトル$(x, y)$に垂直で大きさが$\sqrt{x^2 + y^2}\,\omega$です[*5]。角運動量の$z$成分は、
$$L_z = \int (x^2 + y^2)\omega\rho\,dV$$
です[*6]。

[*5] 詳しく述べると、微小部分は点(x, y)を頂点とする辺（稜）の長さがdx, dy, dzである直方体。z軸を中心とする円運動をするので、円運動の半径と角速度の積が速度の大きさです。

[*6] 微小部分の（z軸までの距離）×（速度）×（質量）の和になっています。

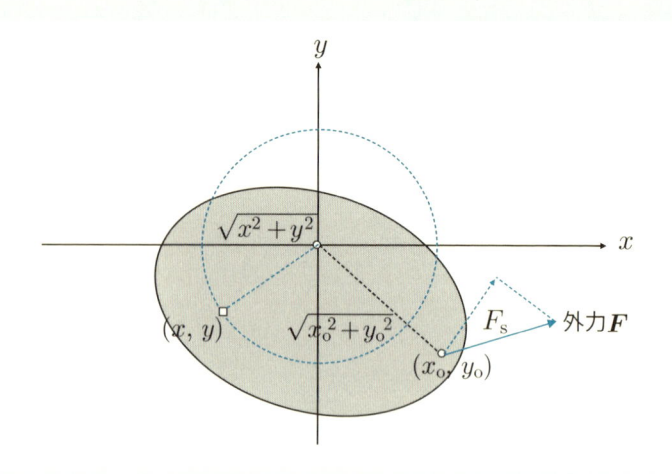

◆図4-3-1 固定軸に関する回転

解答

力のモーメントのz成分が$\sqrt{x_0^2+y_0^2}\,F_s$となることを使って、次のようになります。

$$\frac{\mathrm{d}}{\mathrm{d}t}\underbrace{\int \underbrace{(x^2+y^2)}_{\sqrt{x^2+y^2}\,v}\underbrace{\omega\rho\,\mathrm{d}V}_{\text{微小部分の質量}}}_{L_z} = \overbrace{\sqrt{x_0^2+y_0^2}\,F_s}^{N_z}$$

$$\underbrace{\int (x^2+y^2)\rho\,\mathrm{d}V}_{I_z}\underbrace{\frac{\mathrm{d}\omega}{\mathrm{d}t}}_{\text{時間の関数は}\omega\text{だけ}} = \sqrt{x_0^2+y_0^2}\,F_s$$

$$I_z\,\frac{\mathrm{d}\omega}{\mathrm{d}t} = \sqrt{x_0^2+y_0^2}\,F_s \tag{4.3.2}$$

これで要点が納得でき、かつ、使い方がわかったと思います。

質点の運動において質点に働く力を求めることが大切でした。剛体の運動では、剛体に働く力のモーメントを求めることが大切になります。

例題 4-11

図4-3-2のような剛体の振り子が、重力を受けて、振動します。支点の周りの慣性モーメントをI_z、質量をM、支点と重心の距離をhとします。振幅の小さいときの、この振り子の振動の周期Tを求めなさい。

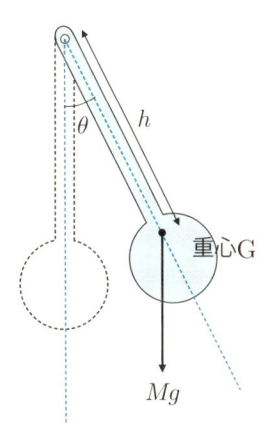

◆図4-3-2 剛体振り子の回転

解答

剛体振り子の回転の運動方程式を立てると次のようになります。

> θの方向をプラスとすると、
> 重力Mgの接線方向成分は$-Mg\sin\theta$

$$I_z \frac{d\omega}{dt} = h(-Mg\sin\theta)$$

$$\sin\theta \fallingdotseq \theta \text{と近似、} \omega = \frac{\mathrm{d}\theta}{\mathrm{d}t} \text{を使う}$$

⬇

$$I_z \frac{\mathrm{d}^2\theta}{\mathrm{d}t^2} = -Mgh\theta \qquad (4.3.3)$$

この形の微分方程式の解は、$\theta = A\cos\left(\frac{2\pi t}{T} + \alpha\right)$とおいて、微分方程式に代入し、周期$T$を決めることにより得られます[*7]。ただし、$A$と$\alpha$は任意定数で、初期条件より決まります。代入すると次式が得られます。

$$-I_z\left(\frac{2\pi}{T}\right)^2 A\cos\left(\frac{2\pi t}{T} + \alpha\right) = -Mgh\,A\cos\left(\frac{2\pi t}{T} + \alpha\right) \qquad (4.3.4)$$

$\theta = A\cos\left(\frac{2\pi t}{T} + \alpha\right)$で割って、$T = \sqrt{\frac{(2\pi)^2 I_z}{Mgh}}$ が得られます。

例題 4-12

図4-3-3のように、細い糸で質量m_1とm_2の錘を半径Rの滑車にかけてあります。滑車の慣性モーメントをI_zとし、かつ、$m_1 < m_2$として、最初静止していた錘の速度vを求めなさい。

[*7] 代入して成立することから解であることは明らかです。詳しくは、拙著「これでわかった！微分方程式の基礎」（技術評論社）を参照してください。

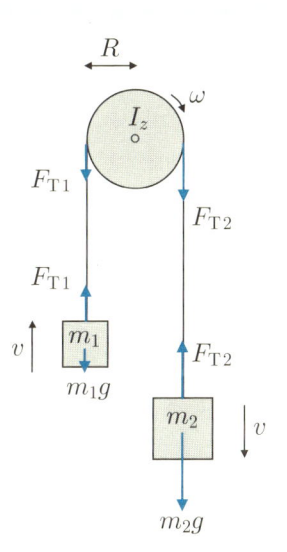

◆図4-3-3 滑車

解答

図4-3-3のような力が働きます。図の向きの滑車の角速度をωとし、錘1の速度をvとし、錘2の速度もvとすると、運動方程式は次のようになります。

錘2が糸を通して滑車を引く力(F_{T2})の力のモーメント

$$I_z \frac{d\omega}{dt} = RF_{T2} - RF_{T1} \tag{4.3.5}$$

滑車が糸を通してを錘2引く力(F_{T2})は速度の方向と逆

$$m_2 \frac{dv}{dt} = m_2 g - F_{T2} \tag{4.3.6}$$

$$m_1 \frac{dv}{dt} = F_{T1} - m_1 g \tag{4.3.7}$$

式 (4.3.5) ÷R+式 (4.3.6) +式 (4.3.7) を計算して、$\omega = \frac{v}{R}$ を使うと次式が得られます。

F_{T2} と F_{T1} は消える

$$\left(\frac{I_z}{R^2} + m_2 + m_1 \right) \frac{dv}{dt} = (m_2 - m_1) g \tag{4.3.8}$$

この微分方程式を解いて、初期条件を使って次式が得られます。

定数 $\dfrac{(m_2 - m_1)g}{\frac{I_z}{R^2} + m_2 + m_1}$ の不定積分

$t = 0$ のとき $v = 0$ だから積分定数はゼロ

$$v = \frac{(m_2 - m_1)g}{\left(\frac{I_z}{R^2} + m_2 + m_1 \right)} t + 0 \tag{4.3.9}$$

練習問題 4-4

図4-3-4は上から見た自動車の図です。ドアの開きを θ とします。最初、$\theta = \theta_0$ でドアが静止した（開いた）状態で自動車が発車しました。発車した後しばらく自動車は加速度 a_0 で走りました。質量 M、回転軸の周りの慣性モーメント I_z のドアの運動を求めなさい。ただし、θ は十分小さいと近似し、重心と回転軸の距離を h としてください。

ヒント

加速度座標系（自動車と一緒に動く座標系）で考えてください。慣性力は質量に比例しますから、微小部分に働く慣性力の和は重心に働くと考えることができます。

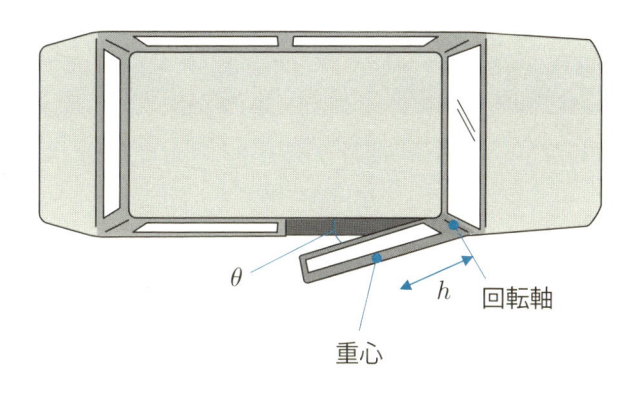

◆図4-3-4　自動車のドアの回転

解答

自動車が右方向に加速度 a で動きますから、慣性力は左方向に Ma という大きさで、重心に働きます。回転の運動方程式は次のようになります。

$$I_z \frac{d^2\theta}{dt^2} = -Ma\sin\theta \fallingdotseq -Ma\theta$$

（$\omega = \dfrac{d\theta}{dt}$）

$\theta = A\cos\left(\dfrac{2\pi t}{T} + \alpha\right)$ を代入して、T を求めると、$T = \sqrt{\dfrac{(2\pi)^2 \, I_z}{Ma}}$

となる。次に初期条件から、$\alpha = 0,\ A = \theta_0$ となる

$$\theta = \theta_0 \cos\left(\sqrt{\dfrac{Ma}{I_z}}\, t\right)$$

4-4 並進運動と回転運動

重心が移動しながら、重心の周りを回転する剛体の運動を考えましょう。重心の運動は、点の運動と同じです。回転運動も、固定軸の周りの回転と同じです。

何のことはありません。しかし、ここで強調したいのは、重心の周りの回転を考えるとき、慣性力を考えなくてもよいのです。それは、慣性力が重心に働き、重心の周りの力のモーメントがゼロだからです。

これはありがたいことです。なぜなら、重心が複雑な運動をするとき、慣性力は複雑な力となるからです。重心の周りの回転において、慣性力を考えなくてよいことはありがたいことです。

要 点

全質量 重心の速度 外力

$$M\frac{d\boldsymbol{V}}{dt} = \boldsymbol{F} \quad (4.4.1)$$

慣性モーメント 角速度ベクトル

$$I_G\frac{d\boldsymbol{\omega}}{dt} = \boldsymbol{N} \quad (4.4.2)$$

↑ 慣性力以外の力のモーメント $\boldsymbol{r}\times\boldsymbol{F}$

通常は、式 (4.4.2) の z 成分だけ考えればよいことが多いものです。その場合、式 (4.4.2) は次のようになります。

重心を原点として、点 (x_0, y_0) に

$$I_G\frac{d\omega}{dt} = \sqrt{x_0^2 + y_0^2}\, F_s \quad (4.4.3)$$

↑ 回転方向の力 F_s が働く

例題 4-13

図4-4-1のように、質量M、半径R、重心の周りの慣性モーメント$I_G = \frac{MR^2}{2}$である円柱が水平な床を滑りながら転がっています。運動摩擦係数をμ'として[*8]、最初の状態が、$v = v_0,\ \omega = 0,\ x = 0$であるとします。滑らずに転がるようになるまでの運動を求めなさい。

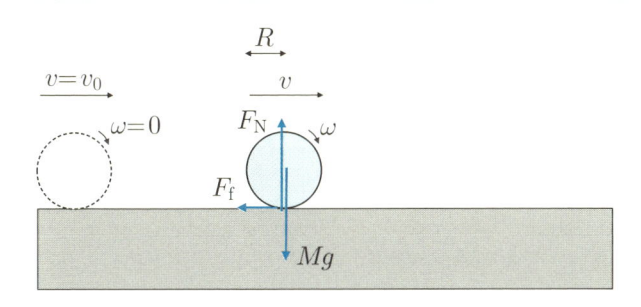

◆図4-4-1 床を転がる円柱の回転

解答

垂直抗力F_NがMgと等しくなることから、運動摩擦力F_fは$\mu'Mg$となり、運動方程式は次のようになります。

重心の速度 → x方向に働く力は、負の方向に働く摩擦力だけ

$$M\frac{dv}{dt} = -F_f = -\mu'Mg \quad (4.4.4)$$

重心の周りの力のモーメントがゼロでないものは摩擦力だけ

$$I_G \frac{d\omega}{dt} = RF_f = R\mu'Mg \quad (4.4.5)$$

積分して初期条件より定数を決めると次のようになります。

---

*8 運動摩擦力は垂直抗力と運動摩擦係数の積です。

> 積分して $-\mu' gt + C$、初期条件より $C = v_0$

$$v = -\mu' g t + v_0 \tag{4.4.6}$$

> 積分して $\frac{R\mu' Mg}{I_G} t + C$、初期条件より $C = 0$

$$\omega = \frac{R\mu' Mg}{I_G} t = \frac{2\mu' g}{R} t \tag{4.4.7}$$

$v = R\omega$ になったとき、滑らなくなり、摩擦力が働かなくなります[*9]。

この例題のように、回転軸が固定されていない場合、重心の運動と重心を通る軸の周りの回転を考えます。

例題 4-14

図4-4-2のように、質量 M、半径 R、重心の周りの慣性モーメント $I_G = \frac{MR^2}{2}$ である円板に糸を巻きつけ、糸の他端を天井に固定する。最初の状態が、$v = 0$, $\omega = 0$, $x = 0$ であるとします。滑らずに $(v = R\omega)$ 糸がほどけて下方に動いていくヨーヨーのように運動するとして、運動を求めなさい。

---

*9 円柱の床に接する点の、床に対する相対速度がゼロになります。

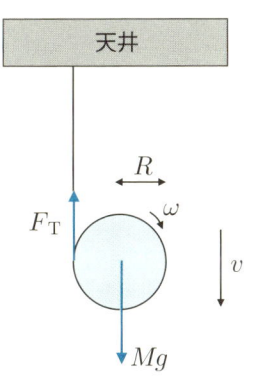

◆図4-4-2 ヨーヨーの回転

解 答

働く力は、糸の張力 F_T と重力 Mg です。重心の周りの力のモーメントを持つのは糸の張力だけです。運動方程式は次のようになります。

$$M\frac{dv}{dt} = Mg - F_T \tag{4.4.8}$$

$$I_G \frac{d\omega}{dt} = R F_T \tag{4.4.9}$$

式(4.4.8)＋式(4.4.9)÷R を計算し、$\omega = \frac{v}{R}$ を代入すると次式が得られます。

$$\left(M + \frac{I_G}{R^2}\right)\frac{dv}{dt} = Mg \tag{4.4.10}$$

積分して初期条件より定数を決めると次のようになります。

積分して $\dfrac{Mg}{\left(M + \frac{I_G}{R^2}\right)} t + C$、初期条件より $C = 0$

⬇

$$v = \frac{Mg}{\left(M + \frac{I_G}{R^2}\right)} t = \frac{2}{3} gt \tag{4.4.11}$$

例題 4-15

図4-4-3のように、質量 M、半径 R、重心の周りの慣性モーメント $I_G = \frac{MR^2}{2}$ である円柱が水平と θ の角をなす斜面を転がっています。静止摩擦係数を μ として[*10]、最初の状態が、$v=0, \omega=0, x=0$ であるとします。滑らずに転がるとして運動を求めなさい。

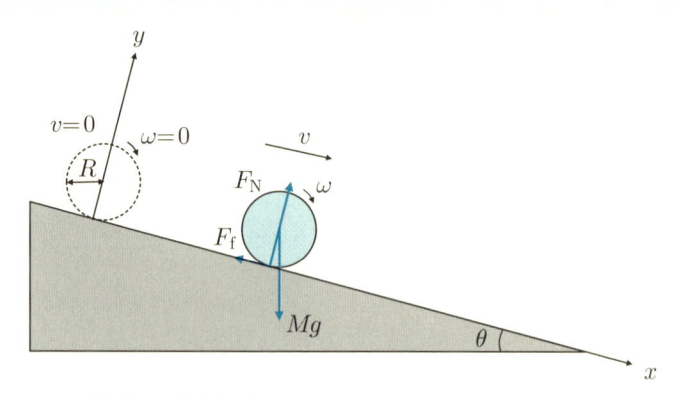

◆図4-4-3 斜面を転がる円柱の回転

解答

垂直抗力 F_N は重力 Mg の y 方向成分 $Mg\cos\theta$ と一致します。しかし、ここでは x 方向の運動だけ考えます。静止摩擦力 F_f は未知数です。運動方程式は次のようになります。

> 重力の x 成分は $Mg\sin\theta$

$$M\frac{\mathrm{d}v}{\mathrm{d}t} = Mg\sin\theta - F_f \qquad (4.4.12)$$

$$I_G\frac{\mathrm{d}\omega}{\mathrm{d}t} = RF_f \qquad (4.4.13)$$

式 (4.4.12) ＋式 (4.4.13) ÷ R を計算すると一つの未知数 F_f を消

[*10] 静止摩擦力は垂直抗力と静止摩擦係数の積より小さいという条件があります。その条件の範囲で、滑らないという条件 ($v = R\omega$) から、静止摩擦力が決まります。なお、斜面に接している点と斜面が相対的に静止していますから、静止摩擦力といいます。

去することができ、$\omega = \frac{v}{R}$ を代入すると次式が得られます。

$$\left(M + \frac{I_G}{R^2}\right)\frac{dv}{dt} = Mg\sin\theta \quad (4.4.14)$$

積分して初期条件より定数を決めると次のようになります。

$$v = \frac{Mg\sin\theta}{\left(M + \frac{I_G}{R^2}\right)}t = \frac{2g\sin\theta}{3}t \quad (4.4.15)$$

摩擦力を求めたい場合は、式 (4.4.12) に、求めた v を代入してください。

練習問題4-5

図4-4-4のように、質量 M で前輪と後輪の中間に重心のある自動車があります。前輪だけにブレーキをかけ、その大きさを F_f とします（与えられた値とします）。止まるまでの間に、前輪と後輪に働く垂直抗力 F_{N1} と F_{N2} を求めなさい。ただし、図に示したとおり、重心と前輪・後輪の水平距離を b とし、重心の高さを h としなさい。

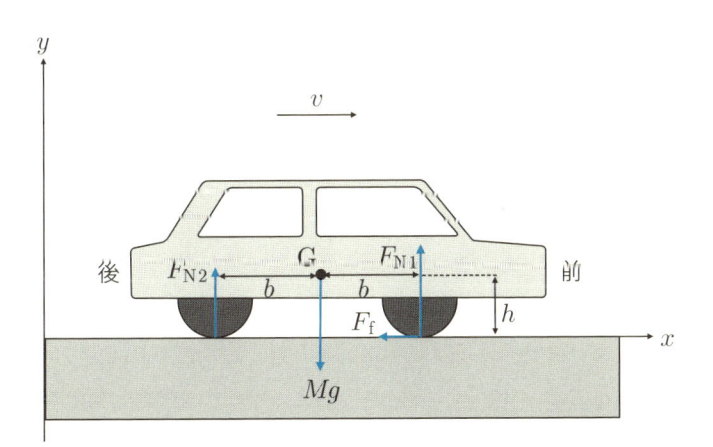

◆図4-4-4　自動車のブレーキ

解答

自動車が回転しませんから、力のモーメントがゼロになります。また、鉛直方向に動きませんから、鉛直方向の力の合力はゼロになります。これらをまとめると次のようになります。

力のモーメントのz成分がゼロ

$$bF_{N_2} - bF_{N_1} + hF_f = 0 \tag{4.4.16}$$

力の鉛直成分がゼロ

$$F_{N_2} + F_{N_1} - Mg = 0 \tag{4.4.17}$$

式 (4.4.16) ÷ b + 式 (4.4.17) を計算すると一つの未知数 F_{N_1} を消去することができます。次に得られた F_{N_2} の値を代入して F_{N_1} を求めます。

$$F_{N_2} = \frac{Mg - \frac{h}{b}F_f}{2} = \frac{bMg - hF_f}{2b} \tag{4.4.18}$$

$$F_{N_1} = \frac{bMg + hF_f}{2b} \tag{4.4.19}$$

前輪のほうが強く地面を押していますから、前輪ブレーキのほうが効くことになります。

練習問題 4-6

図4-4-5のように、質量MのコマがO点を支点として回っています。コマの軸が鉛直方向とθの角をなしているとします。そして、コマが軸の回りを角速度Ωで自転しているとします。このコマの回転軸がゆっくりと回転することはよく知られています。これを歳差運動といいます。このゆっくりした回転の角速度ωを求めてください。

ただし、コマの重心Gは支点Oからhの点とし、軸の回りの慣性モーメントをIとします。また、図4-4-5の右上は、真上から見た重心の円運動を表しています。もちろん円運動の半径は$h\sin\theta$です。

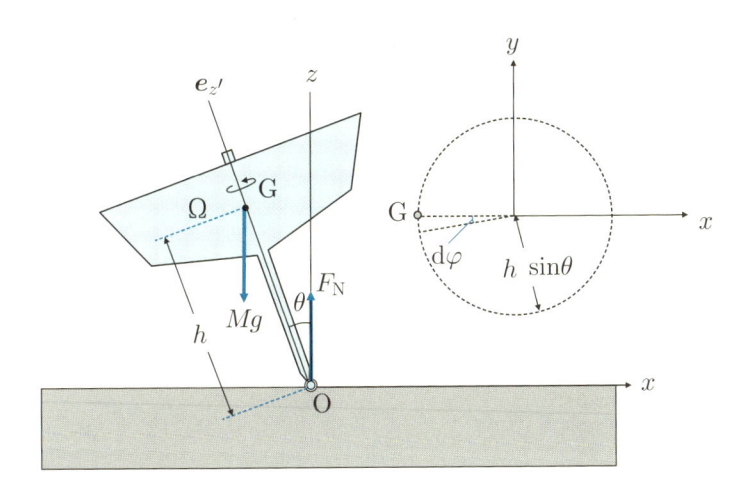

◆図4-4-5 こまの回転

解 答

コマの自転の角運動量ベクトルは、大きさが、慣性モーメントと角速度の積ですから、軸方向の単位ベクトルをe'_zとすると次のようになります。

> 軸の方向、重心の位置の回転と共に方向が変わります

$$L = I\Omega\, e'_z \qquad (4.4.20)$$

真上から見て（右上の図）重心が$-x$方向にある瞬間を考えます。微小時間dt経過後、重心が$d\varphi$回転したとします。角運動量は軸の向きを向いていますから、図4-4-6の左に示したとおり、重心と同じように円運動します。z成分は変化せず、x-y面内の成分だけ変化しますから、この図は面内成分の回転を示していると考えてください。ですから、矢印の先は、半径$L\sin\theta$の円軌道を描いて回転します。

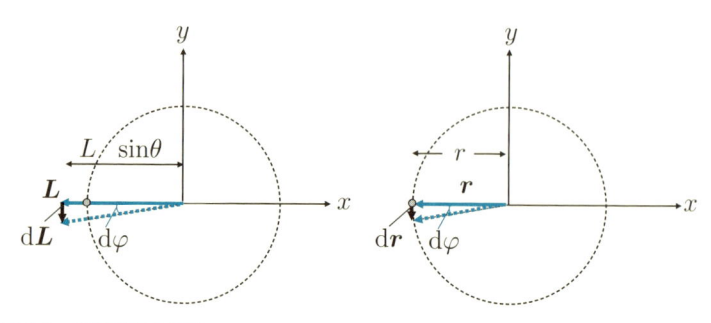

◆図4-4-6　角運動量の変化

変化率を考えるため、同様に円軌道を描く位置ベクトル$\boldsymbol{r}$を考えます。図4-4-6の右に示しました。角速度をωとしたとき、位置ベクトル$\boldsymbol{r}$の変化率（速度）は、$r\omega(-\boldsymbol{e}_y)$です[*11]。この結果、角運動量の変化率は式(4.4.21)になり、これが力のモーメントに等しいとおくと、式(4.4.22)になります。

面内の角運動量は半径$L\sin\theta$、角速度ωの円運動をする

$$\frac{d\boldsymbol{L}}{dt} = \omega L\sin\theta(-\boldsymbol{e}_y) \qquad (4.4.21)$$

力のモーメントのy成分

$$\frac{d\boldsymbol{L}}{dt} = -h\sin\theta Mg\boldsymbol{e}_y \qquad (4.4.22)$$

---

*11　重心が$-x$方向にある瞬間を考えています。だから、方向は$-\boldsymbol{e}_y$です。

両式の右辺が等しいとおいて次式が得られます。

$$\omega L \sin\theta = h \sin\theta\, Mg \tag{4.4.23}$$

$$L = I\Omega\ \text{でした} \tag{4.4.24}$$

この結果に $L = I\Omega$ を代入して、角運動量ベクトルは角速度が $\omega = \frac{hMg}{I\Omega}$ であるゆっくりした円運動をすることがわかります。

第5章

ダランベールの原理と仮想仕事の原理

つりあっているときの仮想仕事の原理と動いているときのダランベールの原理を学びましょう。拘束力があるときに威力を発揮します。

5-1 仮想仕事の原理（つり合いの場合）

つりあっているときは動きません。しかし、仮想的に動かしてみると（仮想変位）、仕事がゼロになります。力の合計がゼロですから、当然です。これを仮想仕事といいます。そして、仮想仕事がゼロであるという条件から、つりあいの条件を求めることができます。

要点

(1) 仮想仕事 δW はゼロになります。これがつりあいの条件です。

全ての力の合計、$F_\text{total} = F_\text{拘束力以外} + F_\text{拘束力}$

$$\delta W = \delta \boldsymbol{r} \cdot \boldsymbol{F}_\text{total} = 0 \tag{5.1.1}$$

仮想変位

(2) 拘束力により軌道が定められているとき、次式がつりあいの条件です。

拘束力によって定められた軌道方向の仮想変位

$$\delta W = \delta \boldsymbol{r}_t \cdot \boldsymbol{F}_\text{拘束力以外} = 0 \tag{5.1.2}$$

δr_t と拘束力は直交しているので、$\delta \boldsymbol{r}_t \cdot F_\text{拘束力} = 0$
拘束力以外の力で書き表せるところが利点です。

s はどんな座標でも良い。x でも、θ でも

$$\delta W = -\delta s \frac{\mathrm{d}U}{\mathrm{d}s} = 0 \tag{5.1.3}$$

拘束力以外の力が保存力の場合、位置エネルギー $U(s)$ で表せる

例題 5-1

図5-1-1のように、自然の長さ ℓ、バネ定数 k のバネに質量 m の錘がつるされて、バネの力と重力がつりあっています。バネの伸びを求めなさい。

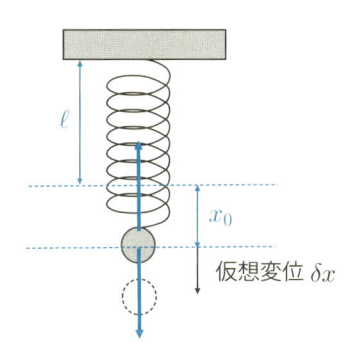

◆図5-1-1 バネと重力

解答

仮想仕事の原理を使う必要は全くありませんが、練習のためです。バネが自然の長さから x_0 伸びたところでつりあっているとして、仮想仕事がゼロになることから x_0 を求めてみましょう。ただし、仮想変位を下方に δx としました。

> バネの力と重力、仮想変位の方向（下方）を正とした

$$\delta W = \delta x(-kx_0 + mg) = 0 \tag{5.1.4}$$

これから、$x_0 = \frac{mg}{k}$ が得られます。

なお、バネの力と重力は保存力ですから、仕事は位置エネルギーの減少で表すことができます。つまりばねの伸びを x としたときの位置エネルギーを $U(x) = \frac{kx^2}{2} - mgx$ としたとき次のようになります。

$$\begin{aligned}
\delta W &= U(x_0) - U(x_0 + \delta x) = -\delta x \left[\frac{dU}{dx}\right]_{x=x_0} \\
&= -\delta x(kx_0 - mg) \quad\quad\quad\quad (5.1.5)
\end{aligned}$$

同じ結果が得られます。保存力の場合、仮想仕事がゼロということは**位置エネルギーが極値になる**ということです[*1]。

地球上の滑らかな曲面上におかれた物体のつり合いを考えるとき、仮想仕事の原理はとても理解しやすいと思います。要するに、平らな底の部分で釣り合うということを表しています。

例題 5-2

図5-1-2のように、レールなどによって物体の軌道が定められているとします。軌道から外れないように、レールなどから軌道に垂直に受ける力を拘束力といいます。図ではy方向が鉛直方向です。そして、$x = 0$の地点で軌道は一番低くなっています。物体がつりあっている位置x_0を求めてください。

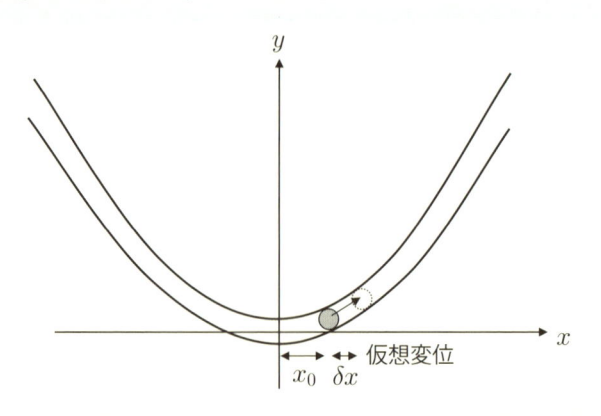

◆図5-1-2 拘束力と重力

[*1] 極値になるということは、微分してゼロになること。実際は、最小のときだけ安定な釣り合いとなります。

解答

要点の (2) 式 (5.1.3) を使います。拘束力以外の力とは、この場合、重力です。仮想仕事がゼロになるという式は次のようになります。

$$-\delta x U'(x_0) = 0 \qquad (5.1.6)$$

⬇

$U'(x_0) = \left[\dfrac{\mathrm{d}U}{\mathrm{d}x}\right]_{x=x_0} = 0$ ということは、図の場合、位置エネルギーが最小になる $x_0 = 0$ でつりあう

練習問題 5-1

剛体の棒が両端を半径 R の鉛直な円に拘束されています。摩擦はなく円の上では自由に動けます。つりあいの位置を求めなさい。ただし、長さは $2a$ とします。

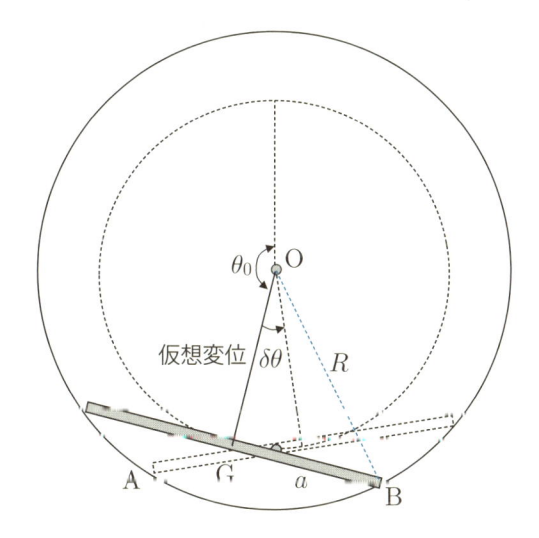

◆図5-1-3　拘束力と剛体

5-1 仮想仕事の原理(つり合いの場合)

解 答

円の中心OからABに下ろした垂線の足が棒の重心Gになります。三平方の定理より、OGの長さは、$\sqrt{R^2-a^2}$ です。つまり、ABが円周上でいろいろな位置をとると、重心は半径 $\sqrt{R^2-a^2}$ の円周上を動きます。重心の位置で棒の位置を決めることができます。つりあいの位置で、重心の位置が真上から θ_0 として、θ_0 を求めましょう。

拘束力以外の力としては、重力だけです。位置エネルギーは重心の位置が θ のとき、$U(\theta) = Mg\sqrt{R^2-a^2}\cos\theta$ です[*2]。仮想仕事の原理の式 (5.1.3) は次のようになります。

$\cos\theta$ を微分すると $-\sin\theta$

$$-\frac{dU(\theta_0)}{d\theta} = Mg\sqrt{R^2-a^2}\sin\theta_0 = 0 \qquad (5.1.7)$$

解は二つあります。$\theta_0=0$ と $\theta_0=\pi$ です。しかし、$\theta_0=0$ は位置エネルギーが最大になる点ですから、不安定です。安定な解は、$\theta_0=\pi$、つまり、真下です。

[*2] 重心が半径 $\sqrt{R^2-a^2}$ の円上を動きます。重心の高さは、中心からみて、$\sqrt{R^2-a^2}\cos\theta$ です。位置エネルギーは $Mg\sqrt{R^2-a^2}\cos\theta$ です。

5-2 ダランベールの原理

　ダランベールの原理は、物体と共に動く座標系で考え、つりあいの問題にしてしまうものです。つまり、全ての力に慣性力も加えると、力がゼロになり、物体と共に動く座標系では、物体は静止しています。拘束力がない限り、ニュートンの運動方程式と実質的に同じです。式の上では、（質量）×（加速度）の項を移項しただけです。しかし、拘束力が働く場合は、仮想仕事の原理も使って威力を発揮します。

要点

(1) ダランベールの原理

拘束力も含む　　慣性力

$$\boldsymbol{F}_{\text{total}} - m\boldsymbol{a} = 0 \tag{5.2.1}$$

(2) ダランベールの原理と仮想仕事の原理

仮想変位

$$\delta\boldsymbol{r} \cdot (\boldsymbol{F}_{\text{total}} - m\boldsymbol{a}) = 0 \tag{5.2.2}$$

例題 5-3

物体が重力を受けて、y方向の一次元運動をしているとき、ニュートンの運動方程式とダランベールの方程式を書きなさい。

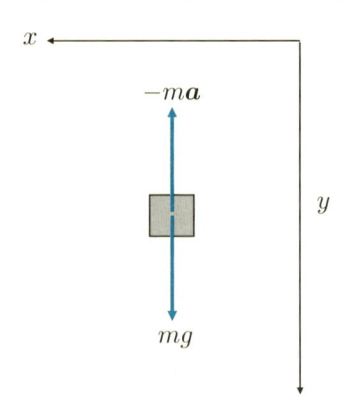

◆図 5-2-1　直線運動

解 答

ニュートンの運動方程式とダランベールの方程式は次のようになります。

$$\text{ニュートンの運動方程式} \quad ma_y = mg \quad (5.2.3)$$

$$\text{ダランベールの方程式} \quad mg - ma_y = 0 \quad (5.2.4)$$

両者は移項すると同じ式になります。

拘束力を $\vec{F}_{拘束力}$ とした時、$\delta\vec{r} \cdot \vec{F}_{拘束力} = 0$ であることから、要点の式 (5.2.2) の $\vec{F}_{\text{total}}$ の中に拘束力を含まなくてよいことが問題を解くのをやさしくします。それについては、次の節で学びましょう。

例題 5-4

x-y 面内で、放物運動している物体のダランベールの原理を使った仮想仕事がゼロという式を書きなさい。その後、仮想変位が $(\delta x)\bm{e}_x$ とした場合と、$(\delta y)\bm{e}_y$ とした場合に得られる式を書きなさい。

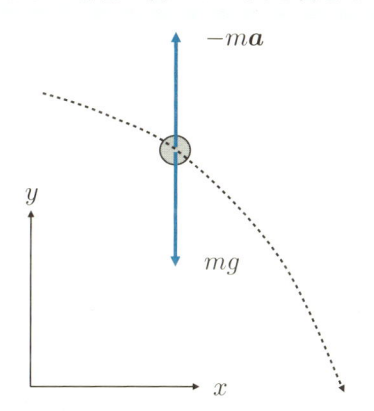

◆図 5-2-2　放物運動

解答

仮想仕事がゼロという式は式 (5.2.5) に、仮想変位が $(\delta x)\bm{e}_x$ とした場合は式 (5.2.6) に、仮想変位が $(\delta y)\bm{e}_y$ とした場合は式 (5.2.7) になります。

仮想変位

$$\delta \bm{r} \cdot (-mg\bm{e}_y - m\bm{a}) = \delta \bm{r} \cdot (-mg\bm{e}_y - ma_x\bm{e}_x - ma_y\bm{e}_y) = 0 \tag{5.2.5}$$

仮想変位が $(\delta x)\bm{e}_x$ とすると、$\bm{e}_y$ との内積はゼロになる

$$(\delta x)(0 - ma_x) = 0 \quad \therefore (0 - ma_x) = 0 \tag{5.2.6}$$

仮想変位が $(\delta y)\bm{e}_y$ とすると、$\bm{e}_x$ との内積はゼロになる

$$(\delta y)(-mg - ma_y) = 0 \quad \therefore (-mg - ma_y) = 0 \tag{5.2.7}$$

結局得られる式は、移項すると、ニュートン力学によって得られる式と同じです。

練習問題 5-2

糸でつながれ、水平面内で、円運動している物体があります。働いている力は拘束力だけとして、仮想変位が $(\delta s)\bm{e}_t$ とした場合、仮想仕事がゼロという式から得られる式を書きなさい。ただし、前に述べたように、$\bm{e}_t$ は接線方向の単位ベクトルです。

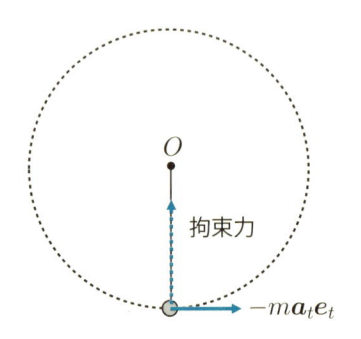

◆図5-2-3 円運動

解答

働いている力は拘束力だけです。次のようになります。

$(\delta s)\bm{e}_t$ と $(\bm{F}_{拘束力} - m a_t \bm{e}_t)$ の内積がゼロになるという式を作る（ただし $\bm{e}_t \cdot \bm{F}_{拘束力} = 0$）

$$(\delta s) a_t = 0 \quad \therefore a_t = 0 \tag{5.2.8}$$

水平方向の円運動では、軌道方向の加速度がゼロという式が得られました。このように拘束力があるときはこの方法は便利です。

5-3 拘束力と仮想仕事

拘束力が働くとき、拘束力を考慮しなくても良い仮想仕事の原理はとても便利です。これについて考えてみましょう。

要点

拘束力が働くときのダランベールの原理と仮想仕事の原理

軌道方向の仮想変位

$$\delta \boldsymbol{r}_t \cdot (\boldsymbol{F}_{拘束力以外} - m\boldsymbol{a}) = 0 \qquad (5.3.1)$$

$\delta \boldsymbol{r}_t$ と拘束力は直交しているので

例題 5-5

鉛直面内で半径 R の円形のレールに沿って運動する物体を考えましょう。振動するかもしれませんし、円運動するかもしれません。図に示したように、物体の質量を m とし、運動方向とそれに垂直な単位ベクトルを $\boldsymbol{e}_t$ と $\boldsymbol{e}_n$ とします。

◆図5-3-1　拘束力と剛体

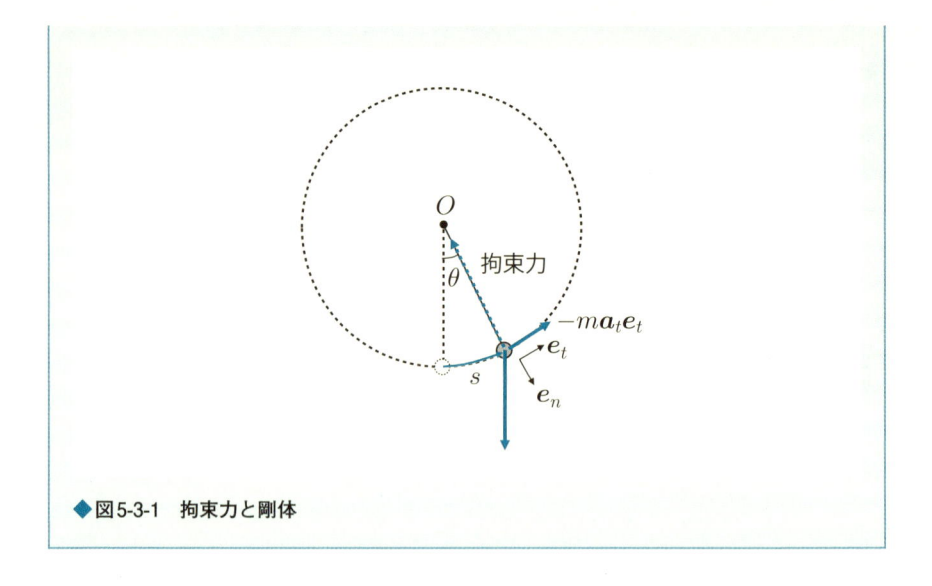

解 答

真下から測った角をθとし、要点の式 (5.3.1) で$\delta \boldsymbol{r}_t = (\delta s)\boldsymbol{e}_t$とします。重力だけが働いているので、$\boldsymbol{F}_{拘束力以外} = -mg\boldsymbol{e}_z$です。

$$e_t \cdot e_z = \sin\theta$$

$$(\delta s)(-mg\sin\theta - ma_t) = 0 \quad \therefore (-mg\sin\theta - ma_t) = 0 \tag{5.3.2}$$

実際、拘束力は複雑であり、求めるのが大変です。拘束力を求めなくてもよいということは大変ありがたいことです。

例題 5-6

水平面とθの角をなす斜面があります。質量mの物体が斜面に拘束されて滑ります（摩擦はないとします）。仮想仕事がゼロになることから、運動方程式を求めてください。なお、図のように座標軸をとってください。

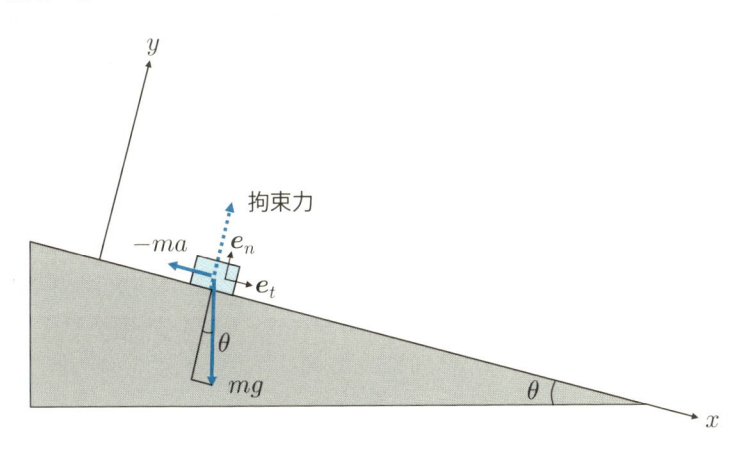

◆図 5-3-2　斜面を滑る（拘束力）

解 答

重力だけが働いているので、$\boldsymbol{F}_{拘束力以外}$の$\boldsymbol{e}_t$成分、すなわち、x成分は$mg\sin\theta$です。x方向の加速度をaとすると、次のようになります。

> x方向の仮想変位

$$(\delta s)(mg\sin\theta - ma) = 0 \quad \therefore (mg\sin\theta - ma) = 0 \quad (5.3.3)$$

練習問題 5-3

半径 R の円弧の形をした物体が、鉛直面内の半径 R の円形軌道に拘束されて（摩擦はないとします）、運動します。重心の位置の真下からの角度を θ として、物体の位置を表します。なお、物体の重心は中心から h の点だとします（$h < R$ となることに注意してください）。仮想仕事がゼロになることから、運動方程式を求めてください。

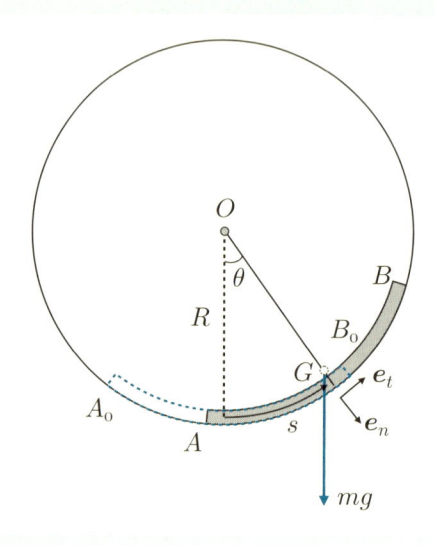

◆図 5-3-3 剛体（拘束力）1

解 答

重力だけが働いているので、$\boldsymbol{F}_{\text{拘束力以外}}$ の $\boldsymbol{e}_t$ 成分は $-mg\dfrac{h}{R}\sin\theta$ です[*3]。$\boldsymbol{e}_t$ 方向の加速度を $\dfrac{d^2 s}{dt^2} = R\dfrac{d^2 \theta}{dt^2}$ とすると、次のようになります。

$\boldsymbol{e}_t$ 方向の仮想変位
$$(\delta s)\left(-mg\dfrac{h}{R}\sin\theta - mR\dfrac{d^2 \theta}{dt^2}\right) = 0$$

---

*3 位置エネルギーは $U(s) = -mgh\,cos\,\theta = -mgh\,cos(\frac{s}{R})$ です。
だから、$\boldsymbol{F}_t = -\dfrac{dU}{ds} = -mg\dfrac{h}{R}cos(\frac{s}{R}) = -mg\dfrac{h}{R}cos\,\theta$ です。

$$\therefore (-mg\frac{h}{R}\sin\theta - mR\frac{d^2\theta}{dt^2}) = 0 \quad (5.3.4)$$

　この場合、正しい結果を得ることができますが、同じようでも、次の図5-3-4の場合、正しい結果は得られません。この場合、棒は円弧ではなくまっすぐです。棒の長さを$2a$とすると、同じように考えると次式が得られそうですが、**次の式は間違っています。**

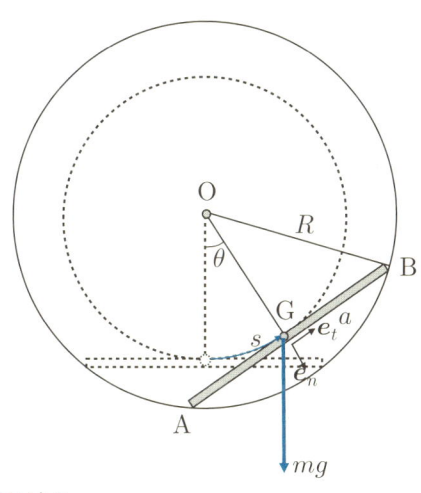

◆図5-3-4　剛体（拘束力）2

e_t方向の仮想変位　　$h = \sqrt{R^2 - a^2}$

$$(\delta s)(-mg\sin\theta - mh\frac{d^2\theta}{dt^2}) = 0 \quad \therefore (-mg\sin\theta - mh\frac{d^2\theta}{dt^2}) = 0$$
(5.3.5)

　なぜ間違った答えが得られるかというと、それぞれの点で円運動の半径が異なることを反映して、加速度が異なった値をとるからです。こんなときは、次章で学ぶラグランジュの運動方程式を活用してください。

第6章

解析力学とラグランジュの方程式

解析力学の基礎を学習しましょう。一般化された運動方程式を学ぶ解析力学は複雑な問題に威力を発揮します。オイラーの方程式を使ってラグランジュの方程式を導きます。

6-1 オイラーの微分方程式

関数$f(x)$は、変数xの値が決まると、値が決まります。これに対し、関数$y(x)$の形を決めると、値が決まるものを**汎関数**といいます。汎関数は、$F[y(x)]$のように書き表します。本書では、汎関数の例として、次の汎関数を考えましょう。

$$F[y(x)] = \int_{x_1}^{x_2} f(y, y') \, \mathrm{d}x \tag{6.1.1}$$

例えば、$f(y, y') = \sqrt{1+(y')^2}$ ならば、この汎関数は二点を結ぶ曲線の長さを表します。関数(曲線の形)が決まると、長さが決まります。図を見ると、$\sqrt{1+(y')^2}\mathrm{d}x$を加え合わせたものが、すなわち、式(6.1.1)の積分が二点を結ぶ曲線の長さを表すことがわかります。

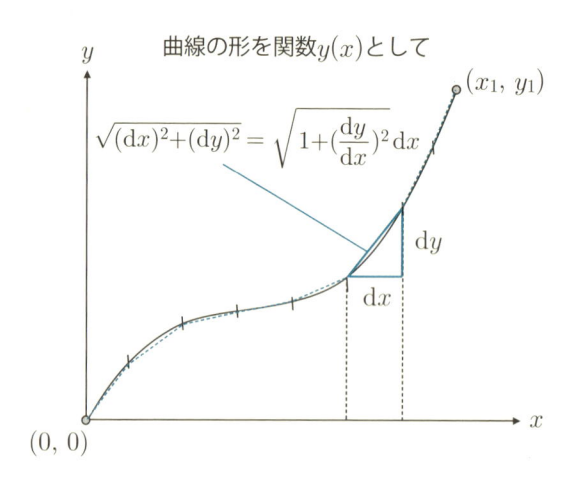

◆図6-1-1 曲線の長さ

汎関数を最小にする条件は、要点に記載したようになり、この方程式は**オイラーの方程式**と呼ばれます。

要点

(1) $F[y(x)] = \int_{x_1}^{x_2} f(y, y') \, dx$ を最小にすることは次式が成り立つことです。

偏微分、y のみを変数として
(y' は定数と思って) 微分

$$\frac{\partial f}{\partial y} - \frac{d}{dx}\left(\frac{\partial f}{\partial y'}\right) = 0 \qquad (6.1.2)$$

偏微分、y' のみを変数として
(y は定数と思って) 微分

これをオイラーの方程式といいます[*1]。

(2) 関数が y_1 と y_2 の二つある場合、

$$F[y_1(x), y_2(x)] = \int_{x_1}^{x_2} f(y_1, y'_1, y_2, y'_2) dx$$

を最小にすることは次式が成り立つことです。

$$\frac{\partial f}{\partial y_1} - \frac{d}{dx}\left(\frac{\partial f}{\partial y'_1}\right) = 0$$

$$\frac{\partial f}{\partial y_2} - \frac{d}{dx}\left(\frac{\partial f}{\partial y'_2}\right) = 0 \qquad (6.1.3)$$

関数が三つ以上の場合の式は書くまでもないでしょう。

[*1] 証明は、拙著「図解入門よくわかる物理数学の基本と仕組み」(秀和システム)、または「ファーストブック 物理数学がわかる」(技術評論社) を参照してください。

例題 6-1

次の式は点 (x_1, y_1) と点 (x_2, y_2) を結ぶ曲線 $y(x)$ の長さです。汎関数 $F[y(x)]$ が最小となる関数 $y(x)$ を求めなさい。

$$F[y(x)] = \int_{x_1}^{x_2} \sqrt{1+(y')^2}\, dx \qquad (6.1.4)$$

解答

式 (6.1.2) において、$f(y, y') = \sqrt{1+(y')^2}$ とおくと、次のようになります。

$$\underbrace{\frac{\partial f}{\partial y'} = \frac{\partial}{\partial y'}\sqrt{1+(y')^2} = \frac{2y'}{2\sqrt{1+(y')^2}}}$$

$$\underbrace{0}_{\frac{\partial f}{\partial y}=0} - \frac{d}{dx}\left(\frac{y'}{\sqrt{1+(y')^2}}\right) = 0 \qquad (6.1.5)$$

この式は $\left(\dfrac{y'}{\sqrt{1+(y')^2}}\right)$ が x に依らないことを表しています。ということは、y' が x に依らないということであり、定数 a, b を使って $y = ax + b$ となります。これは、直線の方程式を表しています。

この問題は、2点を結ぶ曲線の長さが最小になるのは直線だという当たり前の結論を、微分方程式の形で導きました。物理学においては、「最小になる」という法則がたくさんあります。その法則を微分方程式の形にして、解くことができるようにするのが、この方法です。

例題 6-2

次の式は後述する作用汎関数です。作用汎関数 $S[x(t)]$ が最小となる関数 $x(t)$ を求めなさい。ただし、本問では、独立変数は t であり、関数は $x(t)$ であり、汎関数は $S[x(t)]$ です。また、$\dot{x}$ は x の時間微分を表しています。

$$S[x(t)] = \int_{t_1}^{t_2} \left(\frac{m\dot{x}^2}{2} - V(x) \right) dt \quad (6.1.6)$$

解答

式 (6.1.2) において x を t に代え、y を x に代え、$f(y, y')$ を $\frac{m\dot{x}^2}{2} - V(x)$ に代えると次のようになります。

$$\frac{\partial}{\partial \dot{x}} \frac{m\dot{x}^2}{2} = m\dot{x}$$

$$-\frac{\partial V}{\partial x} - \frac{d}{dt}(m\dot{x}) = 0 \quad (6.1.7)$$

力 $F(x)$

この式はニュートンの運動方程式と一致します。

練習問題 6-1

図6-1-2 を見てください。光の速度が $v(x)$ であるとき、次の式は、点 (x_1, y_1) から点 (x_2, y_2) へ光が伝播する時間です[*2]。汎関数 $F[y(x)]$ が最小となる関数 $y(x)$ を求めなさい[*3]。

$$F[y(x)] = \int_{x_1}^{x_2} \frac{\sqrt{1+(y')^2}}{v(x)} dx \quad (6.1.8)$$

[*2] 微小距離を速度で割って、微小時間を求め、それを加え合わせています。
[*3] 二点を通る光は、伝播する時間を最小にする道筋を通ります。これをフェルマーの原理といいます。もし、いたるところ光の速度が一定であれば、光の伝播する道筋は直線になります。

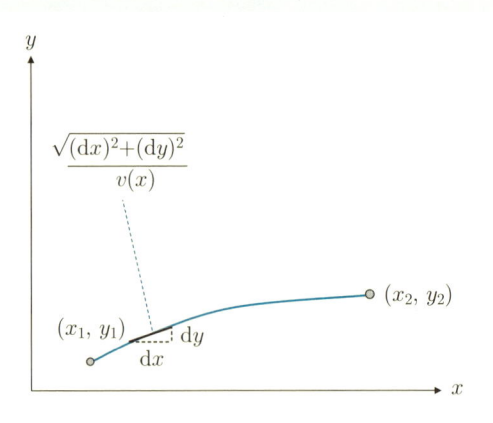

◆図6-1-2 光の屈折

解 答

式 (6.1.2) において、$f(y, y') = \dfrac{\sqrt{1+(y')^2}}{v(x)}$ とおくと、次のようになります[*4]。

$$0 - \frac{\mathrm{d}}{\mathrm{d}x}\left(\frac{y'}{v(x)\sqrt{1+(y')^2}}\right) = 0 \qquad (6.1.9)$$

（上式中の 0 は $\dfrac{\partial f}{\partial y}$、括弧内は $\dfrac{\partial f}{\partial y'}$）

この式は $\left(\dfrac{y'}{v(x)\sqrt{1+(y')^2}}\right)$ が x に依らないことを表しています。図6-1-3を使って導かれる $\sin\theta = \dfrac{\mathrm{d}y}{\sqrt{(\mathrm{d}x)^2+(\mathrm{d}y)^2}} = \dfrac{y'}{\sqrt{1+(y')^2}}$ という関係を使うと、$\dfrac{\sin\theta}{v(x)}$ が一定ということになります。そして、屈折率 $n(x)$ が速度に反比例することを使うと、$n(x)\sin\theta = $ 一定という屈折においてよく知られた関係になります。

[*4] この場合も、式 (6.1.2) が成り立ちます。

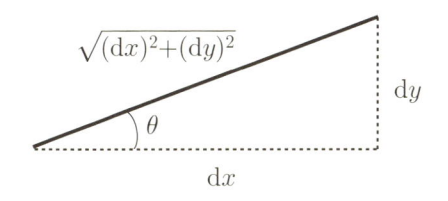

◆図6-1-3　角度と微分係数の関係

6-2 ラグランジュの方程式

以下では独立変数を時間 t とし、関数を軌道の式 $x(t)$, $y(t)$ などで表します。そして、時間微分は $\dot{x} = \dfrac{\mathrm{d}x}{\mathrm{d}t}$ で表します。

解析力学では、軌道関数の汎関数である次のような**作用**と呼ばれる式を最小にする軌道が実際に実現する軌道であると考えます。ただし、2次元の例で書きます。2次元以外への拡張は容易でしょう。

$$
\begin{aligned}
\underbrace{S[x,y]}_{\text{作用と呼びます}} &= \int_{t_1}^{t_2} \underbrace{L(x,\dot{x},y,\dot{y})}_{\text{ラグランジアンと呼びます}} \mathrm{d}t \\
&= \int_{t_1}^{t_2} \left(\underbrace{\frac{m\dot{x}^2}{2} + \frac{m\dot{y}^2}{2}}_{\text{運動エネルギー}} - \underbrace{V(x,y)}_{\text{位置エネルギー}} \right) \mathrm{d}t
\end{aligned}
\tag{6.2.1}
$$

運動エネルギーから位置エネルギーを引いているので、全エネルギーではない

オイラーの方程式をつくると、要点のようになります。これを**ラグランジュの運動方程式**といいます。

要点

(1) ラグランジアン

> 運動エネルギーから位置エネルギーを引く

$$L(x, \dot{x}, y, \dot{y}) = \frac{m\dot{x}^2}{2} + \frac{m\dot{y}^2}{2} - V(x, y) \qquad (6.2.2)$$

(2) ラグランジュの運動方程式

> 式 (6.1.2) の x を t に、$y(x)$ を $x(t)$ に

$$\frac{\partial L}{\partial x} - \frac{d}{dt}\left(\frac{\partial L}{\partial \dot{x}}\right) = 0 \qquad (6.2.3)$$

$$\frac{\partial L}{\partial y} - \frac{d}{dt}\left(\frac{\partial L}{\partial \dot{y}}\right) = 0 \qquad (6.2.4)$$

この運動方程式のすばらしいところは、軌道を表す関数 x や y がデカルト座標（いわゆる x-y 座標）でなくとも良いことです。極座標でも良いですし、後述する重心座標や相対座標でもかまいません。ただし、それらの場合、式 (6.2.2) の運動エネルギーや位置エネルギーの関数形は異なってきます。

例題 6-3

デカルト座標（x-y 座標）では、運動エネルギーは $\frac{m\dot{x}^2}{2} + \frac{m\dot{y}^2}{2}$ となります。式 (6.2.3)、式 (6.2.4) のラグランジュの運動方程式を求めなさい。

解答

> ラグランジアン L の中で、$-V$ のみが x の関数

$$-\frac{\partial V}{\partial x} - \frac{\mathrm{d}}{\mathrm{d}t}\left\{\frac{\partial}{\partial \dot{x}}\left(\frac{m\dot{x}^2}{2}\right)\right\} = 0 \quad \Rightarrow \quad -\frac{\partial V}{\partial x} - m\ddot{x} = 0 \tag{6.2.5}$$

> ラグランジアン L の中で、$\dfrac{m\dot{x}^2}{2}$ のみが $\dot{x}$ の関数

$$-\frac{\partial V}{\partial y} - \frac{\mathrm{d}}{\mathrm{d}t}\left\{\frac{\partial}{\partial \dot{y}}\left(\frac{m\dot{y}^2}{2}\right)\right\} = 0 \quad \Rightarrow \quad -\frac{\partial V}{\partial y} - m\ddot{y} = 0 \tag{6.2.6}$$

$-\dfrac{\partial V}{\partial x}$ が力の x 成分 F_x であることに注意すると、ラグランジュの運動方程式は、ニュートンの運動方程式と一致します。

デカルト座標では、ニュートンの運動方程式もラグランジュの運動方程式も同じように簡単に導けます。極座標になると、加速度を計算するのが大変になり、ニュートンの運動方程式を変形して極座標における式に直すのは骨がおれます。

いわんや、それ以外の曲線座標の場合はなおさらです。一方、ラグランジュの運動方程式なら、どの座標系でも大して手間はかかりません。

例題6-4

図6-2-1を参照すると、極座標（r-θ座標）では、運動エネルギーは $\dfrac{m\dot{r}^2}{2} + \dfrac{mr^2\dot{\theta}^2}{2}$ となります。式 (6.2.3)、式 (6.2.4) のラグランジュの運動方程式を求めなさい。

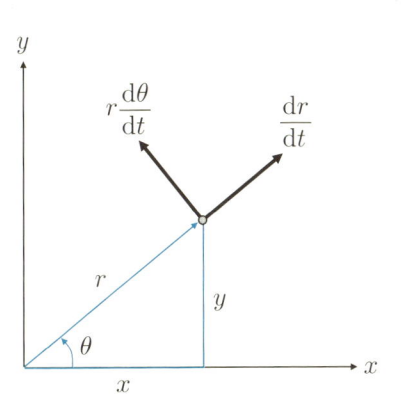

◆ 図6-2-1 極座標における速度ベクトル

解 答

$V(r, \theta)$ と $\dfrac{mr^2\dot{\theta}^2}{2}$ が r の関数

ラグランジアン L の中で、$\dfrac{m\dot{r}^2}{2}$ のみが $\dot{r}$ の関数

$$-\frac{\partial V}{\partial r} + mr\dot{\theta}^2 - \frac{\mathrm{d}}{\mathrm{d}t}\left\{\frac{\partial}{\partial \dot{r}}\left(\frac{m\dot{r}^2}{2}\right)\right\} = 0$$

$$\Rightarrow \quad -\frac{\partial V}{\partial r} + mr\dot{\theta}^2 - m\ddot{r} = 0 \quad (6.2.7)$$

$$-\frac{\partial V}{\partial \theta} - \frac{\mathrm{d}}{\mathrm{d}t}\left\{\frac{\partial}{\partial \dot{\theta}}\left(\frac{mr^2\dot{\theta}^2}{2}\right)\right\} = 0$$

$$\Rightarrow \quad -\frac{\partial V}{\partial \theta} - \frac{\mathrm{d}}{\mathrm{d}t}\left(mr^2\dot{\theta}\right) = 0 \quad (6.2.8)$$

極座標での加速度の式を使うと、ラグランジュの運動方程式は、ニュートンの運動方程式と一致します[*5]。

[*5] 加速度ベクトルが $\boldsymbol{a} = (\ddot{r} - r\dot{\theta}^2)\boldsymbol{e}_r + (2\dot{r}\dot{\theta} + r\ddot{\theta})\boldsymbol{e}_\theta$ であることと、力の r 方向成分が $-\dfrac{\partial V}{\partial r}$、$\theta$ 方向成分が $-\dfrac{1}{r}\dfrac{\partial V}{\partial \theta}$ であることから分かります。

練習問題6-2

質量mの二つの物体が一次元の運動をする場合、運動エネルギーは$\dfrac{m(\dot{x}_1)^2}{2}+\dfrac{m(\dot{x}_2)^2}{2}$となります。重心の座標$X=\dfrac{x_1+x_2}{2}$と相対座標$x=x_2-x_1$を使って[*6]、式 (6.2.3)、式 (6.2.4) のラグランジュの運動方程式を求めなさい。

解答

> 運動エネルギーを重心の座標と相対座標で表すと$\dfrac{m(2\dot{X})^2}{4}+\dfrac{m(\dot{x})^2}{4}$となります

$$-\frac{\partial V}{\partial X}-\frac{\mathrm{d}}{\mathrm{d}t}\left\{\frac{\partial}{\partial \dot{X}}\left(\frac{m(2\dot{X})^2}{4}\right)\right\}=0$$

$$\Rightarrow\quad -\frac{\partial V}{\partial X}-2m\ddot{X}=0 \qquad (6.2.9)$$

$$-\frac{\partial V}{\partial x}-\frac{\mathrm{d}}{\mathrm{d}t}\left\{\frac{\partial}{\partial \dot{x}}\left(\frac{m\dot{x}^2}{4}\right)\right\}=0$$

$$\Rightarrow\quad -\frac{\partial V}{\partial x}-\frac{m}{2}\ddot{x}=0 \qquad (6.2.10)$$

重心は質量$2m$、相対座標は質量$\dfrac{m}{2}$であるかのように振舞います[*7]。

---

* 6 物体1を原点とした物体2の相対座標です。
* 7 次節で学ぶように、二つの物体の質量が異なるときは重心は質量m_1+m_2であるかのように振舞い、相対座標は質量$\dfrac{m_1\,m_2}{m_1+m_2}$であるかのように振舞います。

6-3 ラグランジュの方程式の例

本節では、前節で学んだラグランジュの方程式を使って、簡単な例を実際に解いてみましょう。

例題 6-5

図6-3-1のように、天井から振り子をつるしています。鉛直となす角を θ とします。運動エネルギー E_k と位置エネルギー $V(\theta)$ は次のようになります。

$$E_k = \frac{mR^2\dot{\theta}^2}{2} \tag{6.3.1}$$

$$V(\theta) = -mgR\cos\theta \tag{6.3.2}$$

振幅が小さいときの解を求めなさい。ただし、$\theta(0) = \theta_0,\ \dot{\theta}(0) = 0$ とします。

解答

式 (6.2.3)、式 (6.2.4) のラグランジュの運動方程式は次のようになります。

$$\frac{\mathrm{d}}{\mathrm{d}\theta}\cos\theta = -\sin\theta$$

$$-mgR\sin\theta - \frac{\mathrm{d}}{\mathrm{d}t}(mR^2\dot{\theta}) = 0 \tag{6.3.3}$$

↓ 近似して

$$-mgR\theta - \frac{\mathrm{d}}{\mathrm{d}t}(mR^2\dot{\theta}) = 0 \tag{6.3.4}$$

こうして、微分方程式 $\ddot{\theta} = -\frac{g}{R}\theta$ が得られました。この微分方程式を解くには、$\theta = C\cos\left(\sqrt{\frac{g}{R}}\,t + \alpha\right)$ と置いて、微分方程式に代入し

て、定数 C, α の値を決めれば、次のように求まります[*8]。

> $t=0$ を代入したとき、$\dot{\theta} = -C\sin(\alpha)$ になります。これが0に等しいから、$\alpha = 0$

$$\theta = \theta_0 \cos\left(\sqrt{\frac{g}{R}}t\right) \tag{6.3.5}$$

> $\alpha = 0$ だから、$t=0$ を代入したとき、C になります。これが θ_0 に等しい

例題 6-6

二つの物体の質量を m_1, m_2、位置を (x_1, y_1) と (x_2, y_2) とすると、重心座標 $X = \dfrac{m_1 x_1 + m_2 x_2}{m_1 + m_2}$、$Y = \dfrac{m_1 y_1 + m_2 y_2}{m_1 + m_2}$ と相対座標 $x = x_2 - x_1$, $y = y_2 - y_1$ を使って、運動エネルギーは次のようになります[*9]。運動方程式を求めなさい。

> $\dot{x} = \dot{x}_2 - \dot{x}_1$

$$E_k = \frac{1}{2}(m_1 + m_2)\left(\dot{X}^2 + \dot{Y}^2\right) + \frac{1}{2}\frac{m_1 m_2}{m_1 + m_2}(\dot{x}^2 + \dot{y}^2) \tag{6.3.6}$$

> $\dot{X} = \dfrac{m_1 \dot{x}_1 + m_2 \dot{x}_2}{m_1 + m_2}$

[*8] 解き方について、詳しく知りたい読者は、拙著「微分方程式の基礎」（技術評論社）を参照してください。

[*9] x 方向の運動エネルギーについて、証明します。
$$\frac{m_1 \dot{x}_1^2 + m_2 \dot{x}_2^2}{2} = \frac{(m_1 + m_2)m_1 \dot{x}_1^2 + (m_1 + m_2)m_2 \dot{x}_2^2}{2(m_1 + m_2)} \cdots (a)$$
$$\frac{1}{2}(m_1 + m_2)\left(\frac{m_1 \dot{x}_1 + m_2 \dot{x}_2}{m_1 + m_2}\right)^2 + \frac{1}{2}\frac{m_1 m_2}{m_1 + m_2}(\dot{x}_2 - \dot{x}_1)^2$$
$$= \frac{(m_1 \dot{x}_1 + m_2 \dot{x}_2)^2 + m_1 m_2 (\dot{x}_2 - \dot{x}_1)^2}{2(m_1 + m_2)} \cdots (b)$$
右辺同士を比べると、(b) の $\dot{x}_2 \dot{x}_1$ に比例する項は打ち消しあってゼロになります。$\dot{x}_1 \dot{x}_1$ に比例する項は (b) と (a) で等しくなります。$\dot{x}_2 \dot{x}_2$ に比例する項も (b) と (a) で等しくなります。つまり、(a) と (b) の右辺は等しくなります。右辺同士が等しいので、左辺同士も等しくなります。

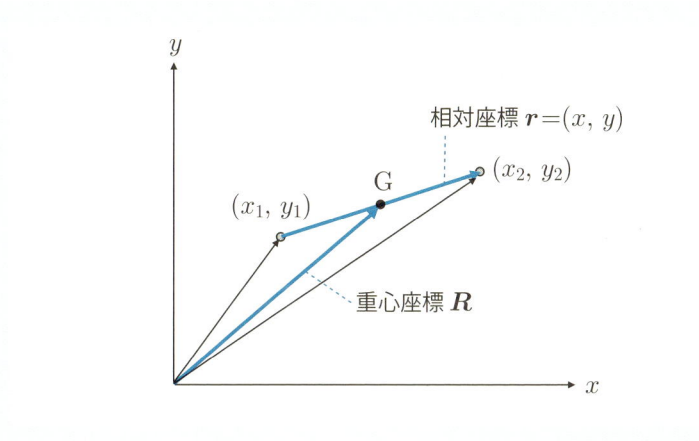

◆図6-3-2　重心と相対座標

解答

> 重力だけなら、
> $V = m_1 g y_1 + m_2 g y_2 = (m_1 + m_2) g Y$

$$-\frac{\partial V}{\partial X} - \frac{d}{dt}\left\{(m_1 + m_2)\dot{X}\right\} = 0 \qquad (6.3.7)$$

$$-\frac{\partial V}{\partial Y} - \frac{d}{dt}\left\{(m_1 + m_2)\dot{Y}\right\} = 0 \qquad (6.3.8)$$

$$-\frac{\partial V}{\partial x} - \frac{d}{dt}\left(\frac{m_1 m_2}{m_1 + m_2}\dot{x}\right) = 0 \qquad (6.3.9)$$

$$-\frac{\partial V}{\partial y} - \frac{d}{dt}\left(\frac{m_1 m_2}{m_1 + m_2}\dot{y}\right) = 0 \qquad (6.3.10)$$

練習問題 6-3

図6-3-3のように剛体が支点の周りを回転できるようになっています。支点と重心を結ぶ線が鉛直となす角をθとします。これを少し傾けると、この剛体は振動します。これを剛体振り子といいます。運動エネルギーと位置エネルギーは次のとおりです。運動方程式を求めなさい。

支点の周りの慣性モーメント

$$E_k = \frac{I}{2}\dot{\theta}^2 \qquad (6.3.11)$$

支点と重心の距離

$$V_G = -Mgh\cos\theta \qquad (6.3.12)$$

解 答

$$\underbrace{-Mgh\sin\theta}_{-\frac{\partial V_G}{\partial \theta}} - \frac{d}{dt}\left(I\dot{\theta}\right) = 0 \quad \Rightarrow \quad I\ddot{\theta} = -Mgh\sin\theta \qquad (6.3.13)$$

6-4 二つの物体の例

　二つの物体の場合、二つの物体の質量が同じで重力の位置エネルギーV_Gと互いが相手に対して及ぼす力(内力)の位置エネルギーV_inが存在するならば、重心の座標$X = \dfrac{x_1 + x_2}{2}$と相対座標$x = x_2 - x_1$を使って、次の要点のようなラグランジュの運動方程式が成り立ちます。この方程式を使って、バネでつながった二つの物体の運動を考えましょう。バネでつながっている場合、バネの位置エネルギーは$\dfrac{k(伸び)^2}{2}$です。

要点

6.1節の練習問題を参照して次式が得られます。

位置エネルギーが、重力$V_\mathrm{G}(X)$と、内力$V_\mathrm{in}(x)$のとき

$$-\frac{\partial V_\mathrm{G}}{\partial X} - \frac{\mathrm{d}}{\mathrm{d}t}\left\{\frac{\partial}{\partial \dot{X}}\left(\frac{m(2\dot{X})^2}{4}\right)\right\} = 0$$

$$\Rightarrow \quad -\frac{\partial V_\mathrm{G}}{\partial X} - 2m\ddot{X} = 0 \quad (6.4.1)$$

$$-\frac{\partial V_\mathrm{in}}{\partial x} - \frac{\mathrm{d}}{\mathrm{d}t}\left\{\frac{\partial}{\partial \dot{x}}\left(\frac{m\dot{x}^2}{4}\right)\right\} = 0$$

$$\Rightarrow \quad -\frac{\partial V_\mathrm{in}}{\partial x} - \frac{m\ddot{x}}{2} = 0 \quad (6.4.2)$$

例題6-7

図6-4-1のように、同じ質量mの二つの物体がバネでつながって摩擦のない水平な床の上を運動をしています。二つの物体の座標をx_1とx_2とします。質量mの二つの物体が一次元の運動をする場合、運動エネルギーは$\dfrac{m(\dot{x}_1)^2}{2}+\dfrac{m(\dot{x}_2)^2}{2}$となります。バネの伸びが$x_2-x_1=x$ですから、バネの位置エネルギーは$\dfrac{k(x_2-x_1)^2}{2}=\dfrac{kx^2}{2}$です。重心の座標$X=\dfrac{x_1+x_2}{2}$と相対座標$x=x_2-x_1$を使って、式(6.2.3)、式(6.2.4)のラグランジュの運動方程式を求めなさい。ただし、バネ定数をkとします。

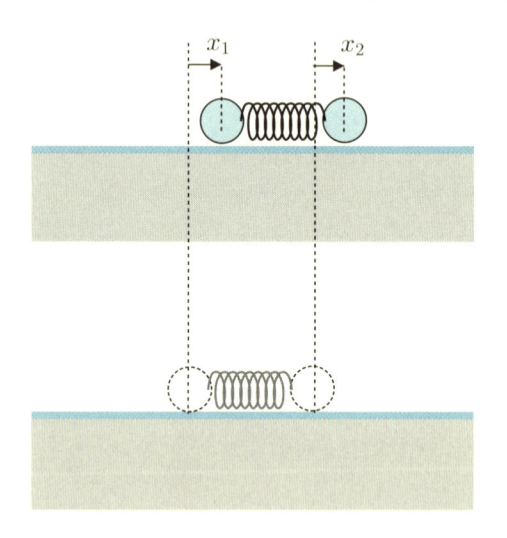

◆図6-4-1 バネでつながった二つの物体

解答

6.2節練習問題によると、運動エネルギーを重心の座標と相対座標で表すと$\dfrac{m(2\dot{X})^2}{4}+\dfrac{m(\dot{x})^2}{4}$となります。

> 位置エネルギーは相対座標のみの関数
>
> $$0 - \frac{\mathrm{d}}{\mathrm{d}t}\left\{\frac{\partial}{\partial \dot{X}}\left(\frac{m(2\dot{X})^2}{4}\right)\right\} = 0$$
>
> $$\Rightarrow \quad 0 - 2m\ddot{X} = 0 \quad (6.4.3)$$
>
> $-\dfrac{\partial V}{\partial x}$
>
> $$-\frac{\partial}{\partial x}\left(\frac{kx^2}{2}\right) - \frac{\mathrm{d}}{\mathrm{d}t}\left\{\frac{\partial}{\partial \dot{x}}\left(\frac{m(\dot{x})^2}{4}\right)\right\} = 0$$
>
> $$\Rightarrow \quad -kx - \frac{m}{2}\ddot{x} = 0 \quad (6.4.4)$$
>
> 重心は等速直線運動、相対座標は質量 $\dfrac{m}{2}$ の物体がバネについているときと同じ単振動です。

　ここでは二つの場合の例を考えますが、N 個の場合を考えることもできます。結晶の中での分子の熱振動を考える場合などに応用されます。

例題6-8

　図6-4-2のように、同じ質量 m の二つの物体がバネでつながって鉛直に運動をしています。二つの物体の座標を x_1 と x_2 とします。質量 m の二つの物体が一次元の運動をする場合、運動エネルギーは $\dfrac{m(\dot{x}_1)^2}{2} + \dfrac{m(\dot{x}_2)^2}{2}$ となります。バネの伸びが $x_2 - x_1 = x$ ですから、バネの位置エネルギーは $\dfrac{k(x_2-x_1)^2}{2} = \dfrac{kx^2}{2}$ です。重力の位置エネルギーは $V_\mathrm{G} = -mgx_1 - mgx_2 = -2mgX$ です。重心の座標 $X = \dfrac{x_1 + x_2}{2}$ と相対座標 $x = x_2 - x_1$ を使って、式 (6.2.3)、式 (6.2.4) のラグランジュの運動方程式を求めなさい。ただし、最初バネは伸びても縮んでもいません。

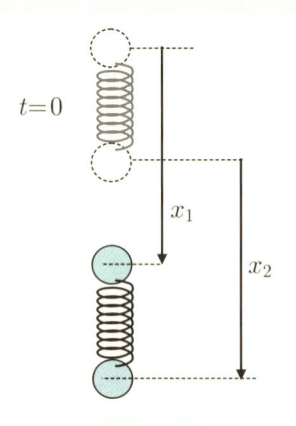

◆図6-4-2 天井からバネで吊り下げた二つの物体

解答

6.2節練習問題によると、運動エネルギーを重心の座標と相対座標で表すと $\dfrac{m(2\dot{X})^2}{4} + \dfrac{m(\dot{x})^2}{4}$ となります。

$\boxed{-\dfrac{\partial V_G}{\partial X}}$

$$2mg - \dfrac{\mathrm{d}}{\mathrm{d}t}\left\{\dfrac{\partial}{\partial \dot{X}}\left(\dfrac{m(2\dot{X})^2}{4}\right)\right\} = 0$$

$$\Rightarrow\ 2mg - 2m\ddot{X} = 0 \quad (6.4.5)$$

$\boxed{-\dfrac{\partial V}{\partial x}}$

$$-\dfrac{\partial}{\partial x}\dfrac{kx^2}{2} - \dfrac{\mathrm{d}}{\mathrm{d}t}\left\{\dfrac{\partial}{\partial \dot{x}}\left(\dfrac{m(\dot{x})^2}{4}\right)\right\} = 0$$

$$\Rightarrow\ -kx - \dfrac{m}{2}\ddot{x} = 0 \quad (6.4.6)$$

重心は質量 $2m$ の物体に重力が働いたときの運動、相対座標は質量 $\dfrac{m}{2}$ の物体がバネについているときと同じ単振動です。

練習問題6-4

図6-4-3のように、摩擦のない鉛直なレールに沿って落下する質量mの二つの物体がバネでつながっています。二つのレールの間隔ℓはバネの自然の長さです。二つの物体の座標を天井から測ってx_1とx_2とします。

質量mの二つの物体が一次元の運動をする場合、運動エネルギーは$\dfrac{m(\dot{x}_1)^2}{2} + \dfrac{m(\dot{x}_2)^2}{2}$となります。バネの伸びが$\sqrt{\ell^2 + (x_2 - x_1)^2} - \ell = \sqrt{\ell^2 + x^2} - \ell$ですから、バネの位置エネルギーは$\dfrac{k(\sqrt{\ell^2 + x^2} - \ell)^2}{2}$です。重力の位置エネルギーは$V_\mathrm{G} = -mgx_1 - mgx_2 = -2mgX$です。

重心の座標$X = \dfrac{x_1 + x_2}{2}$と相対座標$x = x_2 - x_1$を使って、式(6.2.3)、式(6.2.4)のラグランジュの運動方程式を求めなさい。

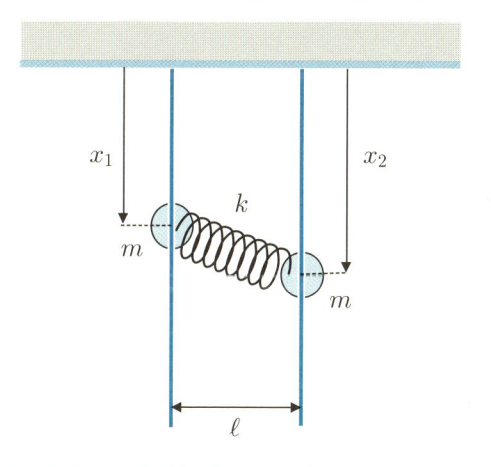

◆図6-4-3　鉛直に落下する二つの物体がバネでつながっている

解答

6.2節練習問題によると、運動エネルギーを重心の座標と相対座標で表すと $\dfrac{m(2\dot{X})^2}{4} + \dfrac{m(\dot{x})^2}{4}$ となります。

$$2mg - \dfrac{\mathrm{d}}{\mathrm{d}t}\left\{\dfrac{\partial}{\partial \dot{X}}\left(\dfrac{m(2\dot{X})^2}{4}\right)\right\} = 0$$

（左辺第1項は $-\dfrac{\partial V_G}{\partial X}$）

➡ $2mg - 2m\ddot{X} = 0$ \hfill (6.4.7)

$$-k(\sqrt{\ell^2+x^2}-\ell)\dfrac{x}{\sqrt{\ell^2+x^2}} - \dfrac{\mathrm{d}}{\mathrm{d}t}\left\{\dfrac{\partial}{\partial \dot{x}}\left(\dfrac{m(\dot{x})^2}{4}\right)\right\} = 0$$

（左辺第1項は $-\dfrac{\partial V}{\partial x} = -\dfrac{\partial}{\partial x}\left(\dfrac{k(\sqrt{\ell^2+x^2}-\ell)^2}{2}\right)$）

➡ $-k(\sqrt{\ell^2+x^2}-\ell)\dfrac{x}{\sqrt{\ell^2+x^2}} - \dfrac{m}{2}\ddot{x} = 0$ \hfill (6.4.8)

重心は質量 $2m$ の物体に重力が働いたときの運動、相対座標は質量 $\dfrac{m}{2}$ の物体にバネの力の鉛直成分が働いているときと同じ単振動です[*10]。

[*10] バネの力が $-k(\sqrt{\ell^2+x^2}-\ell)$ です。バネと鉛直方向のなす角を θ とすると、$\cos\theta = \dfrac{x}{\sqrt{\ell^2+x^2}}$ です。

第7章

固有方程式と固有値の応用

多自由度の運動を解くには、行列を使います。本章では、二自由度の場合を例にとって、行列を使った解法の入門を学習します。

7-1 二自由度連立方程式と行列

二つの物体が一次元運動をしている場合、運動方程式として、二つの変数（例えば x_1 と x_2）の連立微分方程式が得られます。ここでは、このような二自由度の連立方程式を行列を使って表すことを学びます。

要点

$m_1\ddot{x}_1 + 0\ddot{x}_2 + k_1 x_1 + k_3 x_2 = 0$ と $0\ddot{x}_1 + m_2\ddot{x}_2 + k_3 x_1 + k_2 x_2 = 0$ が成り立つとき、次のように行列の形で書きます。

$$\begin{pmatrix} m_1 & 0 \\ 0 & m_2 \end{pmatrix} \begin{pmatrix} \ddot{x}_1 \\ \ddot{x}_2 \end{pmatrix} + \begin{pmatrix} k_1 & k_3 \\ k_3 & k_2 \end{pmatrix} \begin{pmatrix} x_1 \\ x_2 \end{pmatrix} = 0 \quad (7.1.1)$$

この二つの行列を**質量行列**、**剛性行列**といい、それぞれ、M, K と書きます。通常、行列 K の1行2列の要素と2行1列の要素は同じ値をとりますから、その値を k_3 と書きました。なお、右辺がゼロであるこの運動は、**自由振動**と呼ばれます。

例題 7-1

図7-1-1の場合、ラグランジの方程式を使い、x_1とx_2に関する運動方程式を求め、行列の形に書きなさい。いずれのバネもバネ定数はkであり、いずれの物体も質量はmであるとします。

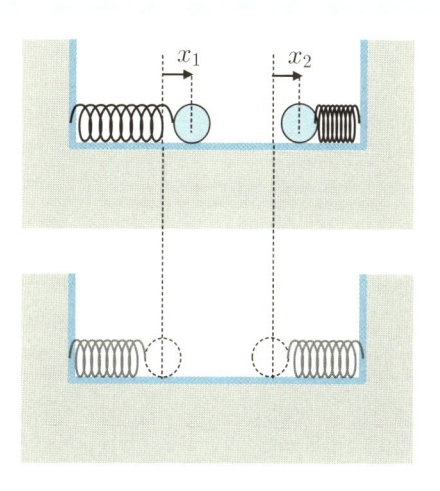

◆図7-1-1 バネと物体

解 答

運動方程式は次のようになります。

$$\underbrace{-\frac{\partial V}{\partial x_1} = -\frac{\partial}{\partial x_1}\left(\frac{kx_1^2}{2} + \frac{kx_2^2}{2}\right)} \quad \underbrace{-\frac{\mathrm{d}}{\mathrm{d}t}\left\{\frac{\partial}{\partial \dot{x}_1}\left(\frac{m\dot{x}_1^2}{2}\right)\right\}}$$
$$\overbrace{-kx_1} \quad \overbrace{- m\ddot{x}_1} \; = \; 0 \tag{7.1.2}$$

$$\underbrace{-\frac{\partial V}{\partial x_2} = -\frac{\partial}{\partial x_2}\left(\frac{kx_1^2}{2} + \frac{kx_2^2}{2}\right)} \quad \underbrace{-\frac{\mathrm{d}}{\mathrm{d}t}\left\{\frac{\partial}{\partial \dot{x}_2}\left(\frac{m\dot{x}_2^2}{2}\right)\right\}}$$
$$\overbrace{-kx_2} \quad \overbrace{- m\ddot{x}_2} \; = \; 0 \tag{7.1.3}$$

これを使って、行列の形にすると次のようになります。

$$\begin{pmatrix} m & 0 \\ 0 & m \end{pmatrix} \begin{pmatrix} \ddot{x}_1 \\ \ddot{x}_2 \end{pmatrix} + \begin{pmatrix} k & 0 \\ 0 & k \end{pmatrix} \begin{pmatrix} x_1 \\ x_2 \end{pmatrix} = 0 \quad (7.1.4)$$

この式は x_1 と x_2 に関して独立な方程式になっていますから、簡単に解を求めることができます。

例題 7-2

図7-1-2の場合、ラグランジュの方程式を使い、x_1 と x_2 に関する運動方程式を求め、行列の形に書きなさい。いずれのバネもバネ定数は k であり、いずれの物体も質量は m であるとします。

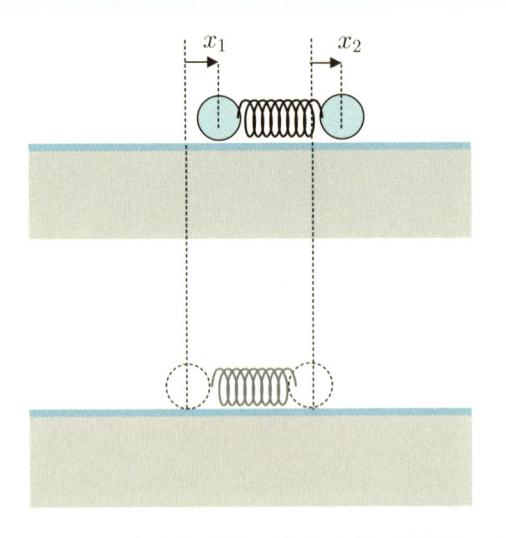

◆図7-1-2 バネでつながった二つの物体

解答

運動方程式は次のようになります。

$$\underbrace{-\frac{\partial V}{\partial x_1} = -\frac{\partial}{\partial x_1}\left(\frac{k(x_2-x_1)^2}{2}\right)}_{-k(x_1-x_2)} \underbrace{-\frac{d}{dt}\left\{\frac{\partial}{\partial \dot{x}_1}\left(\frac{m\dot{x}_1^2}{2}\right)\right\}}_{-m\ddot{x}_1} = 0 \quad (7.1.5)$$

$$\underbrace{-\frac{\partial V}{\partial x_2} = -\frac{\partial}{\partial x_2}\left(\frac{k(x_2-x_1)^2}{2}\right)}_{-k(x_2-x_1)} \underbrace{-\frac{d}{dt}\left\{\frac{\partial}{\partial \dot{x}_2}\left(\frac{m\dot{x}_2^2}{2}\right)\right\}}_{-m\ddot{x}_2} = 0 \quad (7.1.6)$$

これを使って、行列の形にすると次のようになります。

$$\begin{pmatrix} m & 0 \\ 0 & m \end{pmatrix}\begin{pmatrix} \ddot{x}_1 \\ \ddot{x}_2 \end{pmatrix} + \begin{pmatrix} k & -k \\ -k & k \end{pmatrix}\begin{pmatrix} x_1 \\ x_2 \end{pmatrix} = 0 \quad (7.1.7)$$

酸素分子や水素分子の熱振動は、この問題を応用して取り扱うことができます。

練習問題7-1

図7-1-3の場合、ラグランジの方程式を使い、x_1とx_2に関する運動方程式を求め、行列の形に書きなさい。いずれのバネもバネ定数はkであり、いずれの物体も質量はmであるとします。

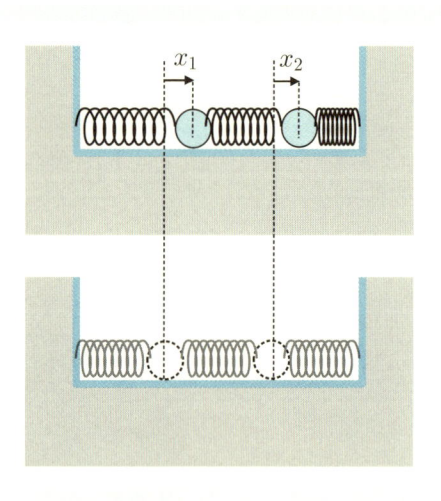

◆図7-1-3 バネでつながった二つの物体

> **解答**
>
> 運動方程式は次のようになります。
>
> $$\underbrace{-\frac{\partial V}{\partial x_1} = -\frac{\partial}{\partial x_1}\left(\frac{kx_1^2}{2} + \frac{k(x_2-x_1)^2}{2} + \frac{kx_2^2}{2}\right)}_{-k(2x_1 - x_2)} \underbrace{-\frac{\mathrm{d}}{\mathrm{d}t}\left\{\frac{\partial}{\partial \dot{x}_1}\left(\frac{m\dot{x}_1^2}{2}\right)\right\}}_{-m\ddot{x}_1} = 0 \quad (7.1.8)$$
>
> $$\underbrace{-\frac{\partial V}{\partial x_2} = -\frac{\partial}{\partial x_2}\left(\frac{kx_1^2}{2} + \frac{k(x_2-x_1)^2}{2} + \frac{kx_2^2}{2}\right)}_{-k(2x_2 - x_1)} \underbrace{-\frac{\mathrm{d}}{\mathrm{d}t}\left\{\frac{\partial}{\partial \dot{x}_2}\left(\frac{m\dot{x}_2^2}{2}\right)\right\}}_{-m\ddot{x}_2} = 0 \quad (7.1.9)$$
>
> これを使って、行列の形にすると次のようになります。
>
> $$\begin{pmatrix} m & 0 \\ 0 & m \end{pmatrix} \begin{pmatrix} \ddot{x}_1 \\ \ddot{x}_2 \end{pmatrix} + \begin{pmatrix} 2k & -k \\ -k & 2k \end{pmatrix} \begin{pmatrix} x_1 \\ x_2 \end{pmatrix} = 0 \quad (7.1.10)$$

7-2 固有方程式と固有値（自由振動）

式(7.1.1)の解を求めるためには、$x_1 = u_1 e^{i\omega t + \alpha}$, $x_2 = u_2 e^{i\omega t + \alpha}$ とおきます[*1]。そうすると、式(7.2.1)が得られます。この式は $-\omega^2$ を**固有値**とする**固有方程式**になっています。この式がゼロでない解 u_1, u_2 を持つには、**行列式**がゼロになる必要があります[*2]。その結果、式(7.2.2)により、振動の角振動数 ω が求まります。

要点

振動解を見つけるため $x_1 = u_1 e^{i\omega t + \alpha}$, $x_2 = u_2 e^{i\omega t + \alpha}$ とおくと次式が得られます。

$\ddot{x}_1 = -\omega^2 u_1 e^{i\omega t+\alpha}$ など、両辺を $e^{i\omega t+\alpha}$ で割る

$$-\omega^2 \begin{pmatrix} m_1 & 0 \\ 0 & m_2 \end{pmatrix} \begin{pmatrix} u_1 \\ u_2 \end{pmatrix} + \begin{pmatrix} k_1 & k_3 \\ k_3 & k_2 \end{pmatrix} \begin{pmatrix} u_1 \\ u_2 \end{pmatrix}$$

$$= \begin{pmatrix} -\omega^2 m_1 + k_1 & k_3 \\ k_3 & -\omega^2 m_2 + k_2 \end{pmatrix} \begin{pmatrix} u_1 \\ u_2 \end{pmatrix} = 0 \quad (7.2.1)$$

この行列の行列式がゼロ

$$\begin{vmatrix} -\omega^2 m_1 + k_1 & k_3 \\ k_3 & -\omega^2 m_2 + k_2 \end{vmatrix} = 0 \quad \Rightarrow \quad \omega \text{を求める} \quad (7.2.2)$$

[*1] 実際の物理的な振動の振幅はこの実数部分だと考えます。$e^{i\omega t+\alpha} = \cos(\omega t+\alpha) + i\sin(\omega t+\alpha)$ ですから、$x_1 = u_1 \cos(\omega t+\alpha)$, $x_2 = u_2 \cos(\omega t+\alpha)$ です。
[*2] 拙著「よくわかる物理数学の基本と仕組み」（秀和システム）、「これでわかった！工業数学の基礎」（技術評論社）、「これでわかった！振動工学の基礎」（技術評論社）、「First Book 物理数学がわかる」（技術評論社）などを参照してください。

例題 7-3

例題7-1の運動方程式 (7.1.4) の角振動数 ω を求めなさい。

解答

固有値を計算するまでもありませんが、一応、固有値を計算してみましょう。

$$\begin{vmatrix} -\omega^2 m + k & 0 \\ 0 & -\omega^2 m + k \end{vmatrix} = (-\omega^2 m + k)^2 = 0 \qquad (7.2.3)$$

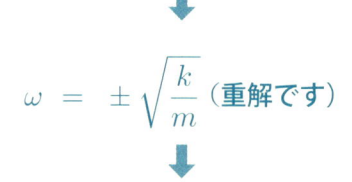

⬇

$$\omega = \pm\sqrt{\frac{k}{m}} \text{ (重解です)}$$

⬇

式 (7.3.1) に代入したものと一致

二つの物体が独立に運動していますから、当然の結果です。

例題 7-4

例題7-2の運動方程式（7.1.7）の角振動数 ω を求めなさい。

解 答

固有値を計算すると次のようになります。

$$\begin{vmatrix} -\omega^2 m + k & -k \\ -k & -\omega^2 m + k \end{vmatrix} = (-\omega^2 m + k)^2 - k^2 = 0 \quad (7.2.4)$$

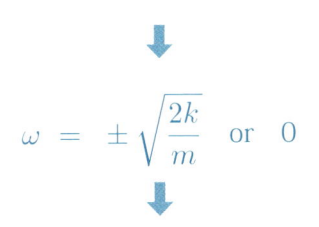

$$\omega = \pm\sqrt{\frac{2k}{m}} \quad \text{or} \quad 0$$

式（7.3.1）に代入したものと一致

角振動数が0というのは、等速直線運動をすることを表しており、重心の運動を表しています。角振動数が $\omega = \pm\sqrt{\frac{2k}{m}}$ というのは、相対的な振動の周期が（単独のときに比べて）短いことを示しています。

質量が $\frac{1}{2}m$ になったのと同じです。これを**換算質量**と呼びます。

練習問題 7-2

練習問題 7-1 の運動方程式 (7.1.10) の角振動数 ω を求めなさい。

解 答

固有値を計算すると次のようになります。

$$\begin{vmatrix} -\omega^2 m + 2k & -k \\ -k & -\omega^2 m + 2k \end{vmatrix} = (-\omega^2 m + 2k)^2 - k^2 = 0 \quad (7.2.5)$$

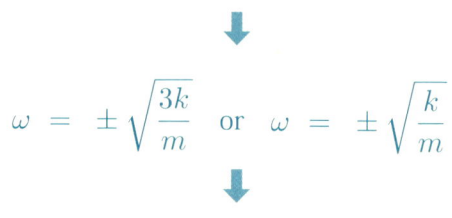

⬇

$$\omega = \pm\sqrt{\frac{3k}{m}} \quad \text{or} \quad \omega = \pm\sqrt{\frac{k}{m}}$$

⬇

式 (7.3.1) に代入したものと一致

角振動数が $\omega = \pm\sqrt{\frac{k}{m}}$ というのは、重心の運動を表しています。単独のときと同じ周期で振動します。角振動数が $\omega = \pm\sqrt{\frac{3k}{m}}$ というのは、相対的な振動の周期が (単独のときに比べて) 短いことを示しています。

7-3 固有ベクトルとモード

式 (7.2.2) は ω^2 として二つの解を持ちます (ω としては 4 つ)。

$$\omega^2 = \frac{m_1 k_2 + m_2 k_1 \pm \sqrt{(m_1 k_2 + m_2 k_1)^2 - 4m_1 m_2 (k_1 k_2 - k_3^2)}}{2 m_1 m_2}$$

⬇

$$(m_1 k_2 + m_2 k_1)^2 - 4 m_1 m_2 k_1 k_2 = (m_1 k_2 - m_2 k_1)^2$$

⬇

$$= \frac{m_1 k_2 + m_2 k_1 \pm \sqrt{(m_1 k_2 - m_2 k_1)^2 + 4 m_1 m_2 k_3^2}}{2 m_1 m_2} \tag{7.3.1}$$

この解を $\omega_\pm^2$ と書くことにします。与えられた $\omega_\pm^2$ に対して、u_1 と u_2 はどうなるでしょう。式 (7.2.1) より、次の式が成り立ちます。

$$\begin{pmatrix} -\omega_\pm^2 m_1 + k_1 & k_3 \\ k_3 & -\omega_\pm^2 m_2 + k_2 \end{pmatrix} \begin{pmatrix} u_{1\pm} \\ u_{2\pm} \end{pmatrix} = 0 \tag{7.3.2}$$

この方程式は (+ に対する式も − に対する式も) それぞれ二つの方程式ですが、$\omega_\pm^2$ が行列式の解であることに注意すると、両方程式は一致します[*3]。得られる式は次のとおりです。なお、複号同順です。また、ω_+ に対する振幅を u_{1+}, u_{2+} としました。

[*3] $(-\omega_\pm^2 m_1 + k_1)(-\omega_\pm^2 m_2 + k_2) - k_3 k_3$ より、$(-\omega_\pm^2 m_1 + k_1) u_{1\pm} + k_3 u_{2\pm} = 0$ と $k_3 u_{1\pm} + (-\omega_\pm^2 m_2 + k_2) u_{2\pm} = 0$ は一致します。前者に $\frac{-\omega_\pm^2 m_2 + k_2}{k_3}$ をかけると後者と一致することがわかります。

> 任意の定数で解になるが、ベクトルの大きさを1にする値、つまり、$(u_{1\pm})^2 + (u_{2\pm})^2 = 1$ とする値を選びました

$$\begin{pmatrix} u_{1\pm} \\ u_{2\pm} \end{pmatrix} = \frac{1}{\sqrt{(-\omega_\pm^2 m_1 + k_1)^2 + k_3^2}} \begin{pmatrix} k_3 \\ -\omega_\pm^2 m_1 + k_1 \end{pmatrix}$$

(7.3.3)

結果を要点にまとめます。

要 点

(1) それぞれのモードの**固有ベクトル**

> $\omega_\pm^2$ のモードに対する振幅（固有ベクトル）

$$\begin{pmatrix} u_{1\pm} \\ u_{2\pm} \end{pmatrix} = \frac{1}{\sqrt{(-\omega_\pm^2 m_1 + k_1)^2 + k_3^2}} \begin{pmatrix} k_3 \\ -\omega_\pm^2 m_1 + k_1 \end{pmatrix}$$

(7.3.4)

> $\omega_\pm^2 = \dfrac{m_1 k_2 + m_2 k_1 \pm \sqrt{(m_1 k_2 - m_2 k_1)^2 + 4 m_1 m_2 k_3^2}}{2 m_1 m_2}$

(2) 両方のモードが強さ C_+ と C_- で混ざっているとき

$$\begin{pmatrix} x_1 \\ x_2 \end{pmatrix} = C_+ e^{i\omega_+ t} \begin{pmatrix} u_{1+} \\ u_{2+} \end{pmatrix} + C_- e^{i\omega_- t} \begin{pmatrix} u_{1-} \\ u_{2-} \end{pmatrix}$$

(7.3.5)

> 式 (7.3.4) 参照、例えば、$u_{1+} = \dfrac{1}{\sqrt{(-\omega_+^2 m_1 + k_1)^2 + k_3^2}} k_3$

例題 7-5

式 (7.3.2) を使って、例題7-1の固有ベクトルを求めなさい。この場合、分母がゼロになるため、式 (7.3.4) は成り立ちません。

解答

固有値を $\omega_+^2 = \frac{k}{m}$ と $\omega_-^2 = \frac{k}{m}$ とします。式 (7.3.2) は式 (7.3.6) のようになり、固有ベクトルは何でも良いことになります。通常、固有ベクトルとして、式 (7.3.7) 式 (7.3.8) をとります。

$$\begin{pmatrix} 0 & 0 \\ 0 & 0 \end{pmatrix} \begin{pmatrix} u_{1\pm} \\ u_{2\pm} \end{pmatrix} = 0 \tag{7.3.6}$$

$$\begin{pmatrix} u_{1+} \\ u_{2+} \end{pmatrix} = \begin{pmatrix} 1 \\ 0 \end{pmatrix} \tag{7.3.7}$$

$$\begin{pmatrix} u_{1-} \\ u_{2-} \end{pmatrix} = \begin{pmatrix} 0 \\ 1 \end{pmatrix} \tag{7.3.8}$$

つまり物体1と物体2が独立に動いている状態を固有ベクトルとします。

例題 7-6

式 (7.3.2) を使って、例題7-2の固有ベクトルを求めなさい。この場合、式 (7.3.4) は成り立ちます。

解答

固有値を $\omega_+^2 = \frac{2k}{m}$ と $\omega_-^2 = 0$ とします。式 (7.3.2) は式 (7.3.9) と式 (7.3.10) のようになり、固有ベクトルは式 (7.3.11) と式 (7.3.12) で与えられます。

$-\omega_+^2 m + k = -k$

$$\begin{pmatrix} -k & -k \\ -k & -k \end{pmatrix} \begin{pmatrix} u_{1+} \\ u_{2+} \end{pmatrix} = 0 \qquad (7.3.9)$$

$-\omega_-^2 m + k = k$

$$\begin{pmatrix} k & -k \\ -k & k \end{pmatrix} \begin{pmatrix} u_{1-} \\ u_{2-} \end{pmatrix} = 0 \qquad (7.3.10)$$

u_{1+} と u_{2+} は大きさが同じで符号が逆、固有ベクトルの大きさを1とするため $\frac{1}{\sqrt{2}}$ が現れる

$$\begin{pmatrix} u_{1+} \\ u_{2+} \end{pmatrix} = \begin{pmatrix} \frac{1}{\sqrt{2}} \\ -\frac{1}{\sqrt{2}} \end{pmatrix} \qquad (7.3.11)$$

u_{1-} と u_{2-} は大きさが同じで符号も同じ、固有ベクトルの大きさを1とするため $\frac{1}{\sqrt{2}}$ が現れる

$$\begin{pmatrix} u_{1-} \\ u_{2-} \end{pmatrix} = \begin{pmatrix} \frac{1}{\sqrt{2}} \\ \frac{1}{\sqrt{2}} \end{pmatrix} \qquad (7.3.12)$$

固有ベクトルは**図7-3-1**に示したようになります。角振動数$\omega_+^2 = \frac{2k}{m}$を持つモードは、物体1と物体2が逆向きに動いています。一方、角振動数$\omega_-^2 = 0$を持つモード、つまり等速直線運動をするモードは物体1と物体2が同じ向きに同じ大きさで動いています。つまり、バネの長さを変えません。

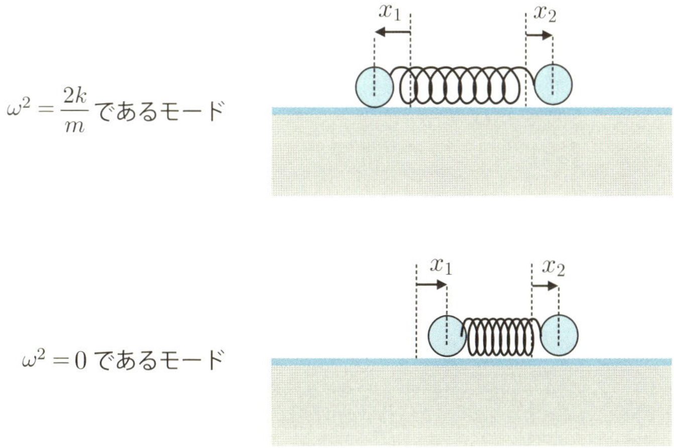

$\omega^2 = \frac{2k}{m}$であるモード

$\omega^2 = 0$であるモード

◆図7-3-1　固有ベクトル1

物体の数を3つにすると、炭酸ガスの熱振動のモデルになります。試みてください。

例題 7-7

式 (7.3.2) を使って、練習問題 7-1 の固有ベクトルを求めなさい。この場合、式 (7.3.4) は成り立ちます。

解答

固有値を $\omega_+^2 = \frac{3k}{m}$ と $\omega_-^2 = \frac{k}{m}$ とします。式 (7.3.2) は式 (7.3.13) と式 (7.3.14) のようになり、固有ベクトルは式 (7.3.15) と式 (7.3.16) で与えられます。

$-\omega_+^2 m + 2k = -k$

$$\begin{pmatrix} -k & -k \\ -k & -k \end{pmatrix} \begin{pmatrix} u_{1+} \\ u_{2+} \end{pmatrix} = 0 \qquad (7.3.13)$$

$-\omega_-^2 m + 2k = k$

$$\begin{pmatrix} k & -k \\ -k & k \end{pmatrix} \begin{pmatrix} u_{1-} \\ u_{2-} \end{pmatrix} = 0 \qquad (7.3.14)$$

u_{1+} と u_{2+} は大きさが同じで符号が逆、固有ベクトルの大きさを 1

$$\begin{pmatrix} u_{1+} \\ u_{2+} \end{pmatrix} = \begin{pmatrix} \frac{1}{\sqrt{2}} \\ -\frac{1}{\sqrt{2}} \end{pmatrix} \qquad (7.3.15)$$

u_{1-} と u_{2-} は大きさが同じで符号も同じ、固有ベクトルの大きさを 1

$$\begin{pmatrix} u_{1-} \\ u_{2-} \end{pmatrix} = \begin{pmatrix} \frac{1}{\sqrt{2}} \\ \frac{1}{\sqrt{2}} \end{pmatrix} \qquad (7.3.16)$$

固有ベクトルは**図7-3-2**に示したようになります。角振動数 $\omega_+^2 = \frac{3k}{m}$ を持つモードは、物体1と物体2が逆向きに動いています。一方、角振動数 $\omega_-^2 = \frac{k}{m}$ を持つモードは物体1と物体2が同じ向きに同じ大きさで動いています。つまり、中間のバネの長さを変えません。

$\omega_+^2 = \dfrac{3k}{m}$ であるモード

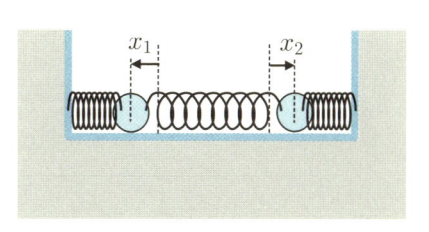

$\omega_-^2 = \dfrac{k}{m}$ であるモード

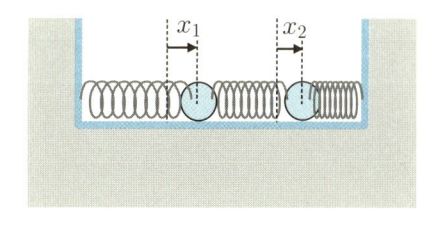

◆図7-3-2　固有ベクトル2

7-4 自由振動のモード分離

式(7.3.4)を利用して、式(7.1.1)を対角化する方法を説明しましょう。対角化というのは、行列を対角行列にすることです。工業力学では、**モード分離**といいます。そのために、次の式で定義される**変換行列**Uを使います。

$$U = \begin{pmatrix} u_{1+} & u_{1-} \\ u_{2+} & u_{2-} \end{pmatrix} \quad (7.4.1)$$

この行列を使うと、式(7.3.5)は次のようになります。

$$\begin{pmatrix} x_1 \\ x_2 \end{pmatrix} = \begin{pmatrix} u_{1+} & u_{1-} \\ u_{2+} & u_{2-} \end{pmatrix} \begin{pmatrix} C_+ e^{i\omega_+ t} \\ C_- e^{i\omega_- t} \end{pmatrix} = \begin{pmatrix} u_{1+} & u_{1-} \\ u_{2+} & u_{2-} \end{pmatrix} \begin{pmatrix} x_+ \\ x_- \end{pmatrix}$$

> $C_+ e^{i\omega_+ t} = x_+$ とおく
> $C_- e^{i\omega_- t} = x_-$ とおく

$$(7.4.2)$$

さらに、同じ行列Uを使って、式(7.1.1)の二つの行列、質量行列と剛性行列は、式(7.4.3)と式(7.4.4)のようにして対角化されます[*4]。ただし、${}^t U$は**転置行列**であり、行と列を入れ替えた行列です。行列${}^t UMU$と${}^t UKU$が対角行列である証明はコラムを参照してください。

$${}^t UMU = \begin{pmatrix} u_{1+} & u_{2+} \\ u_{1-} & u_{2-} \end{pmatrix} \begin{pmatrix} m_1 & 0 \\ 0 & m_2 \end{pmatrix} \begin{pmatrix} u_{1+} & u_{1-} \\ u_{2+} & u_{2-} \end{pmatrix} = \begin{pmatrix} m'_1 & 0 \\ 0 & m'_2 \end{pmatrix}$$

$$(7.4.3)$$

[*4] 非対角要素(この場合1行2列の要素と2行1列の要素)がゼロであることです。

$$
{}^t U K U = \begin{pmatrix} u_{1+} & u_{2+} \\ u_{1-} & u_{2-} \end{pmatrix} \begin{pmatrix} k_1 & k_3 \\ k_3 & k_2 \end{pmatrix} \begin{pmatrix} u_{1+} & u_{1-} \\ u_{2+} & u_{2-} \end{pmatrix} = \begin{pmatrix} k_1' & 0 \\ 0 & k_2' \end{pmatrix}
$$
(7.4.4)

モード分離とは、運動方程式において、各モードの運動方程式を分離することです。つまり、式 (7.1.1) は、次のようにして、各モードの振幅に関して独立な式となります。

$$
\begin{pmatrix} m_1 & 0 \\ 0 & m_2 \end{pmatrix} \begin{pmatrix} \ddot{x}_1 \\ \ddot{x}_2 \end{pmatrix} + \begin{pmatrix} k_1 & k_3 \\ k_3 & k_2 \end{pmatrix} \begin{pmatrix} x_1 \\ x_2 \end{pmatrix} = 0
$$
(7.1.1)

⬇ 式 (7.4.2) を使う (x_1 と x_2 を x_+ と x_- で表す)

$$
\begin{pmatrix} m_1 & 0 \\ 0 & m_2 \end{pmatrix} U \begin{pmatrix} \ddot{x}_+ \\ \ddot{x}_- \end{pmatrix} + \begin{pmatrix} k_1 & k_3 \\ k_3 & k_2 \end{pmatrix} U \begin{pmatrix} x_+ \\ x_- \end{pmatrix} = 0
$$

⬇ 左から ${}^t U$ をかける

$$
{}^t U \begin{pmatrix} m_1 & 0 \\ 0 & m_2 \end{pmatrix} U \begin{pmatrix} \ddot{x}_+ \\ \ddot{x}_- \end{pmatrix} + {}^t U \begin{pmatrix} k_1 & k_3 \\ k_3 & k_2 \end{pmatrix} U \begin{pmatrix} x_+ \\ x_- \end{pmatrix} = 0
$$

⬇ 式 (7.4.3) と (7.4.4) 使う

$$
\begin{pmatrix} m_1' & 0 \\ 0 & m_2' \end{pmatrix} \begin{pmatrix} \ddot{x}_+ \\ \ddot{x}_- \end{pmatrix} + \begin{pmatrix} k_1' & 0 \\ 0 & k_2' \end{pmatrix} \begin{pmatrix} x_+ \\ x_- \end{pmatrix} = 0
$$
(7.4.5)

こうして、x_+ と x_- に関する独立した二つの方程式が得られました。この式を解くと、$x_+ = C_+ e^{i\omega_+ t}$ と $x_- = C_- e^{i\omega_- t}$ が得られます。要点にまとめましょう。

非対角要素はゼロ

行列 ${}^tUMU$ と ${}^tUKU$ が対角行列である証明をしましょう。行列 U の要素は、式 (7.3.2) で定義されます。質量行列 M と剛性行列 K を使って、運動方程式は次のように書くことができます。ただし、各モードに関して分けて書きました。

$$K \begin{pmatrix} u_{1+} \\ u_{2+} \end{pmatrix} = \omega_+^2 M \begin{pmatrix} u_{1+} \\ u_{2+} \end{pmatrix}$$

$$K \begin{pmatrix} u_{1-} \\ u_{2-} \end{pmatrix} = \omega_-^2 M \begin{pmatrix} u_{1-} \\ u_{2-} \end{pmatrix}$$

行列 ${}^tUMU$ と ${}^tUKU$ の1行2列の要素がゼロになることを証明するために、上段の式の左から ${}^t\begin{pmatrix} u_{1-} \\ u_{2-} \end{pmatrix}$ を、下段の式の左から ${}^t\begin{pmatrix} u_{1+} \\ u_{2+} \end{pmatrix}$ をかけます。これらは、列ベクトルの行と列を入れ替えたものですから、$(u_{1\pm}, u_{2\pm})$ という行ベクトルです。次のようになります。

> $\omega_\mp^2$ と行列の順番は変えても良い

$${}^t\begin{pmatrix} u_{1-} \\ u_{2-} \end{pmatrix} K \begin{pmatrix} u_{1+} \\ u_{2+} \end{pmatrix} = \omega_+^2 \; {}^t\begin{pmatrix} u_{1-} \\ u_{2-} \end{pmatrix} M \begin{pmatrix} u_{1+} \\ u_{2+} \end{pmatrix} \quad \text{(a)}$$

$${}^t\begin{pmatrix} u_{1+} \\ u_{2+} \end{pmatrix} K \begin{pmatrix} u_{1-} \\ u_{2-} \end{pmatrix} = \omega_-^2 \; {}^t\begin{pmatrix} u_{1+} \\ u_{2+} \end{pmatrix} M \begin{pmatrix} u_{1-} \\ u_{2-} \end{pmatrix} \quad \text{(b)}$$

なお、式 (a) の左辺は $({}^tU\,KU)$ の2行1列の要素です。他の項も同様です。

ここで、行列の関係式 ${}^t(ABC) = {}^tC\,{}^tB\,{}^tA$ を使って、式 (a) の転置行列を作ります質量行列と剛性行列の ${}^tK = K$ と ${}^tM = M$ という関係

を利用して、次のようになります。

$$
{}^t\begin{pmatrix} u_{1+} \\ u_{2+} \end{pmatrix} K \begin{pmatrix} u_{1-} \\ u_{2-} \end{pmatrix} = \omega_+^2 \; {}^t\begin{pmatrix} u_{1+} \\ u_{2+} \end{pmatrix} M \begin{pmatrix} u_{1-} \\ u_{2-} \end{pmatrix} \quad \text{(c)}
$$

（${}^tK=K$、${}^{tt}\begin{pmatrix} u_{1-} \\ u_{2-} \end{pmatrix}$ 2回転置すると元に戻る）

式(b)と式(c)の左辺は同じです。式(b)から式(c)を引いてみましょう、次式が得られます。

$$
0 = (\omega_-^2 - \omega_+^2) \; {}^t\begin{pmatrix} u_{1+} \\ u_{2+} \end{pmatrix} M \begin{pmatrix} u_{1-} \\ u_{2-} \end{pmatrix} \quad \text{(d)}
$$

式(d)から、$\omega_-^2 - \omega_+^2 \neq 0$ であれば、行列 ${}^tUMU$ の1行2列の要素（つまり、式(d)の右辺を $\omega_-^2 - \omega_+^2$ で割った項）がゼロであることがわかります。行列 ${}^tUMU$ の1行2列の要素がゼロであれば、式(b)から、行列 ${}^tUKU$ の1行2列の要素もゼロであることがわかります。2行1列の要素に関しても同様です。こうして、非対角要素がゼロであることが証明できました。

> **要点**

式 (7.4.4) の行列 U を使って、式 (7.4.6) のように x_1 と x_2 を x_+ と x_- に変換すると、式 (7.4.7) のように x_+ と x_- に関する独立な方程式が得られます。

$$u_{1+} = \frac{1}{\sqrt{(-\omega_+^2 m_1 + k_1)^2 + k_3^2}} k_3 \quad u_{1-} = \frac{1}{\sqrt{(-\omega_-^2 m_1 + k_1)^2 + k_3^2}} k_3$$

$$\begin{pmatrix} x_1 \\ x_2 \end{pmatrix} = \begin{pmatrix} u_{1+} & u_{1-} \\ u_{2+} & u_{2-} \end{pmatrix} \begin{pmatrix} x_+ \\ x_- \end{pmatrix} \quad (7.4.6)$$

$$u_{2+} = \frac{1}{\sqrt{(-\omega_+^2 m_1 + k_1)^2 + k_3^2}} (-\omega_+^2 m_1 + k_1) \quad u_{2-} = \frac{1}{\sqrt{(-\omega_-^2 m_1 + k_1)^2 + k_3^2}} (-\omega_-^2 m_1 + k_1)$$

式 (7.3.1) より、
$$\omega_\pm^2 = \frac{m_1 k_2 + m_2 k_1 \pm \sqrt{(m_1 k_2 - m_2 k_1)^2 + 4 m_1 m_2 k_3^2}}{2 m_1 m_2}$$

${}^tUMU$ \quad\quad ${}^tUKU$

$$\begin{pmatrix} m_1' & 0 \\ 0 & m_2' \end{pmatrix} \begin{pmatrix} \ddot{x}_+ \\ \ddot{x}_- \end{pmatrix} + \begin{pmatrix} k_1' & 0 \\ 0 & k_2' \end{pmatrix} \begin{pmatrix} x_+ \\ x_- \end{pmatrix} = 0 \quad (7.4.7)$$

例題 7-8

例題 7-1 で、変換行列 U を作り、それぞれのモード $x_\pm$ に対する独立した方程式を導きなさい。すなわち、モード分離しなさい。

解 答

最初から独立した方程式になっていますが、念のためやってみます。変換行列Uは式 (7.4.8) のようになります。各モードの方程式は式 (7.4.9) で与えられます。

$$U = \begin{pmatrix} 1 & 0 \\ 0 & 1 \end{pmatrix} \quad (7.4.8)$$

$${}^tUMU = M \qquad {}^tUKU = M$$

$$\begin{pmatrix} m & 0 \\ 0 & m \end{pmatrix} \begin{pmatrix} \ddot{x}_+ \\ \ddot{x}_- \end{pmatrix} + \begin{pmatrix} k & 0 \\ 0 & k \end{pmatrix} \begin{pmatrix} x_+ \\ x_- \end{pmatrix} = 0 \quad (7.4.9)$$

例題 7-9

例題 7-2 で、変換行列Uを作り、それぞれのモード$x_\pm$に対する独立した方程式を導きなさい。すなわち、モード分離しなさい。

解 答

変換行列Uは式 (7.4.10) のようになります。各モードの方程式は式 (7.4.11) で与えられます。

$$U = \begin{pmatrix} \frac{1}{\sqrt{2}} & \frac{1}{\sqrt{2}} \\ \frac{1}{\sqrt{2}} & \frac{1}{\sqrt{2}} \end{pmatrix} \quad (7.4.10)$$

順番に${}^tUMU = {}^tU(MU)$の積を計算する

順番に${}^tUKU = {}^tU(KU)$の積を計算する

$$\begin{pmatrix} m & 0 \\ 0 & m \end{pmatrix} \begin{pmatrix} \ddot{x}_+ \\ \ddot{x}_- \end{pmatrix} + \begin{pmatrix} 2k & 0 \\ 0 & 0 \end{pmatrix} \begin{pmatrix} x_+ \\ x_- \end{pmatrix} = 0 \quad (7.4.11)$$

この方程式を解くと、$\omega_+^2 = \frac{2k}{m}$と$\omega_-^2 = 0$が得られます。

例題 7-10

練習問題 7-1 で、変換行列 U を作り、それぞれのモード $x_\pm$ に対する独立した方程式を導きなさい。すなわち、モード分離しなさい。

解答

変換行列 U は式 (7.4.12) のようになります。各モードの方程式は式 (7.4.13) で与えられます。

$$U = \begin{pmatrix} \frac{1}{\sqrt{2}} & \frac{1}{\sqrt{2}} \\ -\frac{1}{\sqrt{2}} & \frac{1}{\sqrt{2}} \end{pmatrix} \quad (7.4.12)$$

$$\begin{pmatrix} m & 0 \\ 0 & m \end{pmatrix} \begin{pmatrix} \ddot{x}_+ \\ \ddot{x}_- \end{pmatrix} + \begin{pmatrix} 3k & 0 \\ 0 & k \end{pmatrix} \begin{pmatrix} x_+ \\ x_- \end{pmatrix} = 0 \quad (7.4.13)$$

この方程式を解くと、$\omega_+^2 = \frac{3k}{m}$ と $\omega_-^2 = \frac{k}{m}$ が得られます。

7-5 強制振動におけるモード分離

運動方程式が式 (7.4.1) の右辺に次のような外力の項が付け加わった式となる場合を考えましょう。これを**強制振動**といいます。

$$\begin{pmatrix} m_1 & 0 \\ 0 & m_2 \end{pmatrix} \begin{pmatrix} \ddot{x}_1 \\ \ddot{x}_2 \end{pmatrix} + \begin{pmatrix} k_1 & k_3 \\ k_3 & k_2 \end{pmatrix} \begin{pmatrix} x_1 \\ x_2 \end{pmatrix} = \begin{pmatrix} F_1 e^{i\omega t} \\ F_2 e^{i\omega t} \end{pmatrix} \tag{7.5.1}$$

自由振動の式 (7.1.1) のときの変換行列 U (式 (7.3.3) と式 (7.4.6) 参照) を使って、x_1 と x_2 を x_+ と x_- で表し、次の左から ${}^t U$ をかけると、式 (7.5.1) の左辺は対角化され、右辺は次のようになります。

$$ {}^t U \begin{pmatrix} F_1 e^{i\omega t} \\ F_2 e^{i\omega t} \end{pmatrix} = \begin{pmatrix} u_{1+} F_1 + u_{2+} F_2 \\ u_{1-} F_1 + u_{2-} F_2 \end{pmatrix} e^{i\omega t} \tag{7.5.2}$$

これは、x_+ と x_- を含まないベクトルです。この結果、式 (7.5.1) は全体として対角化され、x_+ と x_- の独立した方程式となります。この結果を要点にまとめましょう。

要点

式 (7.5.1) は次のようにモード分離されます。

$$\begin{pmatrix} m'_1 & 0 \\ 0 & m'_2 \end{pmatrix} \begin{pmatrix} \ddot{x}_+ \\ \ddot{x}_- \end{pmatrix} + \begin{pmatrix} k'_1 & 0 \\ 0 & k'_2 \end{pmatrix} \begin{pmatrix} x_+ \\ x_- \end{pmatrix}$$

ここで左辺第1項の係数行列は ^tUMU、第2項の係数行列は ^tUKU です。

$$= \begin{pmatrix} u_{1+}F_1 + u_{2+}F_2 \\ u_{1-}F_1 + u_{2-}F_2 \end{pmatrix} e^{i\omega t} \quad (7.5.3)$$

例題 7-11

例題 7-1 に、式 (7.5.1) の右辺のような外力が加わった場合の振動について考えます。外力がない例題 7-1 の変換行列 U を作り、それぞれのモード $x_\pm$ に対する独立した方程式を導きなさい。すなわち、モード分離しなさい。

解答

最初から独立した方程式になっていますが、念のためやってみます。変換行列 U は式 (7.5.4) のようになります。各モードの方程式は式 (7.5.5) で与えられます。

$$U = \begin{pmatrix} 1 & 0 \\ 0 & 1 \end{pmatrix} \quad (7.5.4)$$

$^tUMU = M$、$^tUKU = K$ として、

$$\begin{pmatrix} m & 0 \\ 0 & m \end{pmatrix} \begin{pmatrix} \ddot{x}_+ \\ \ddot{x}_- \end{pmatrix} + \begin{pmatrix} k & 0 \\ 0 & k \end{pmatrix} \begin{pmatrix} x_+ \\ x_- \end{pmatrix} = \begin{pmatrix} F_1 \\ F_2 \end{pmatrix} e^{i\omega t} \quad (7.5.5)$$

物体 1, 2 の運動がそれぞれのモードになっているのですから当然です。

例題7-12

例題7-2に、式 (7.5.1) の右辺のような外力が加わった場合の振動について考えます。外力がない例題7-2の変換行列Uを作り、それぞれのモード$x_\pm$に対する独立した方程式を導きなさい。すなわち、モード分離しなさい。

解答

変換行列Uは式 (7.5.6) のようになります。各モードの方程式は式 (7.5.7) で与えられます。

$$U = \begin{pmatrix} \frac{1}{\sqrt{2}} & \frac{1}{\sqrt{2}} \\ -\frac{1}{\sqrt{2}} & \frac{1}{\sqrt{2}} \end{pmatrix} \quad (7.5.6)$$

> これは2行1列、すなわち、列ベクトルです

$$\begin{pmatrix} m & 0 \\ 0 & m \end{pmatrix} \begin{pmatrix} \ddot{x}_+ \\ \ddot{x}_- \end{pmatrix} + \begin{pmatrix} 2k & 0 \\ 0 & 0 \end{pmatrix} \begin{pmatrix} x_+ \\ x_- \end{pmatrix} = \begin{pmatrix} \frac{F_1}{\sqrt{2}} - \frac{F_2}{\sqrt{2}} \\ \frac{F_1}{\sqrt{2}} + \frac{F_2}{\sqrt{2}} \end{pmatrix} e^{i\omega t}$$

$$(7.5.7)$$

練習問題7-3

練習問題7-1に、式 (7.5.1) の右辺のような外力が加わった場合の振動について考えます。外力がない練習問題7-1の変換行列Uを作り、それぞれのモード$x_\pm$に対する独立した方程式を導きなさい。すなわち、モード分離しなさい。

解答

変換行列 U は式 (7.5.8) のようになります。各モードの方程式は式 (7.5.9) で与えられます。

$$U = \begin{pmatrix} \frac{1}{\sqrt{2}} & \frac{1}{\sqrt{2}} \\ -\frac{1}{\sqrt{2}} & \frac{1}{\sqrt{2}} \end{pmatrix} \tag{7.5.8}$$

$$\begin{pmatrix} m & 0 \\ 0 & m \end{pmatrix} \begin{pmatrix} \ddot{x}_+ \\ \ddot{x}_- \end{pmatrix} + \begin{pmatrix} 3k & 0 \\ 0 & 0 \end{pmatrix} \begin{pmatrix} x_+ \\ x_- \end{pmatrix} = \begin{pmatrix} \frac{F_1}{\sqrt{2}} - \frac{F_2}{\sqrt{2}} \\ \frac{F_1}{\sqrt{2}} + \frac{F_2}{\sqrt{2}} \end{pmatrix} e^{i\omega t} \tag{7.5.9}$$

■参考文献

◆ 本書を読むにあたって読んでおくとよい数学の本としては次の本があります。
1．『工業数学の基礎』（潮秀樹、技術評論社）
2．『物理数学がわかる』（潮秀樹、技術評論社）
3．『微分方程式』（潮秀樹、技術評論社）
4．『よくわかる物理数学の基本と仕組み』（潮秀樹、秀和システム）

◆ 本書と同程度、または、少し進んだ力学の本としては次の本があります。
5．『振動工学の基礎』（潮秀樹、技術評論社）
6．『よくわかる力学の基本と仕組み』（潮秀樹、秀和システム）
7．『基礎から学ぶ機械力学』（山浦弘、数理工学社）
8．『力学』（ランダウ・リフシッツ著、広重・水戸訳、東京図書）

索引 INDEX

数字・アルファベット

e	20
$F[y(x)]$	141
$\dot{r}$	8
${}^t U$	178
$\dot{v}$	14
$\dot{x} = \dfrac{dx}{dt}$	146

ア行

位置	8
位置エネルギー	45
運動エネルギー	50
運動方程式	36
運動量	55
運動量保存則	55
エネルギー保存則	51
遠心力	76
オイラーの方程式	141

カ行

角運動量	60
角運動量保存則	60
角速度	94
仮想仕事	124
仮想変位	124
換算質量	169
慣性質量	72
慣性の法則	36
慣性モーメント	94
慣性力	71
強制振動	185
行列式	167
ケプラーの第2法則	67
剛性行列	162
拘束力	124
剛体	86
剛体振り子	154
固有値	167
固有方程式	167
コリオリ力	76

サ行

- 座標系 — 68
- 作用 — 37, 146
- 作用反作用の法則 — 37
- 仕事 — 45
- 質量行列 — 162
- 重心 — 86
- 重心座標 — 147
- 自由振動 — 162
- 重力質量 — 72
- 主法線成分 — 28
- 静止摩擦力 — 116
- 成分 — 20
- 接線成分 — 28
- 相対座標 — 147
- 速度 — 8

タ行

- ダランベールの原理 — 129
- 単位ベクトル — 20
- 単振動 — 11
- 力積 — 56
- 力のモーメント — 61, 94
- 力ベクトル — 45
- デカルト座標系 — 20
- 転置行列 — 178
- 等速円運動 — 23

ハ行

- 陪法線成分 — 28
- 汎関数 — 141
- 反作用 — 37
- 微小時間 — 9
- 非保存力 — 46
- 平均の速度 — 9
- ベクトル — 8
- 変位ベクトル — 45
- 変換行列 — 178
- 保存力 — 45

マ行

- 面積速度 — 66
- モード分離 — 178

ラ行

- ラグランジアン — 146
- ラグランジュの運動方程式 — 146
- 螺旋運動 — 31
- 連立微分方程式 — 162

【著者略歴】
潮 秀樹（うしお ひでき）
- 1947 年　東京都に生まれる
- 1970 年　東京大学理学部物理学科卒業
- 1977 年　東京大学大学院理系研究科博士課程単位取得退学
- 1993 年　国立東京工業高等専門学校教授
- 1998 年　理学博士（東京大学）
- 2010 年　国立東京工業高等専門学校を定年により退官
　　　　　国立東京工業高等専門学校名誉教授

●趣味
囲碁、テニス、スキー、バレエ鑑賞など

カバーイラスト	● ゆずりはさとし
カバー・本文デザイン	● 小山巧（志岐デザイン事務所）
本文イラスト	● 時川真一
本文レイアウト	● ㈲ハル工房

ファーストブック
工学で使う力学がわかる
2011 年 5 月 25 日　初版　第 1 刷発行

著　者　潮 秀樹（うしお ひでき）
発行者　片岡 巖
発行所　株式会社技術評論社
　　　　東京都新宿区市谷左内町 21-13
　　　　電話 03-3513-6150 販売促進部
　　　　　　 03-3267-2270 書籍編集部
印刷／製本　株式会社加藤文明社

定価はカバーに表示してあります。

本書の一部または全部を著作権法の定める範囲を越え、無断で複写、複製、転載、テープ化、ファイルに落とすことを禁じます。

©2011 潮 秀樹

造本には細心の注意を払っておりますが、万一、乱丁（ページの乱れ）や落丁（ページの抜け）がございましたら、小社販売促進部までお送りください。送料小社負担にてお取り替えいたします。

ISBN 978-4-7741-4638-6 C3042

Printed in Japan